원하는 치수로 선택해서 만드는 나만의 니트웨어

S / M / L / LL

*michiyo*의 4사이즈 니팅

michiyo 지음 | 김한나 옮김 | 김수산나 감수

진솔책

Contents

S / M / L / LL.

4 size knitting by michiyo

10

나뭇잎무늬 변형 베스트

page 24

11

베리버블무늬 카디건

page 26

12

비대칭 풀오버

page 28

13

리본 매듭 풀오버

page 30

14

망사무늬 개더 베스트

page 32

15

케이블무늬 케이프

page 34

4 size knitting by michiyo

'옷은 최소한 4가지 사이즈로 만들고 싶다'는 제 생각을 반영해 2018년부터
잡지《털실타래》에 'michiyo의 4사이즈 니팅'을 연재하고 있습니다.
이 책은 지금까지 연재한 작품들 중에서 엄선한 니트웨어를 가을겨울용으로
정리한 것입니다.
모처럼 책 한 권으로 정리해 출간하는 만큼 실을 바꾸거나 디자인을 응용하
거나 여름옷을 겨울옷 사양으로 변형하는 등 다양한 아이디어를 더했습니다.
그리고 새로운 작품 4가지도 추가했습니다.
처음 보시는 분들뿐만 아니라 연재를 통해 이미 보셨던 분들도 분명히 즐길
수 있을 거예요.

사이즈가 4가지면 여러모로 편리합니다.
물론 해당 신체 사이즈별로 알맞은 도안을 준비했지만 딱 맞게 입고 싶거나
낙낙하게 입고 싶은 분들은 자신의 취향에 따라 선택할 수 있습니다.
게이지에 맞춰 사이즈를 고를 수도 있어요. 융통성 있게 활용해주면 좋겠습니다.

실 한 가닥으로 자신이 원하는 대로 자유롭게 만들 수 있다는 점이 손뜨개의
가장 좋은 점이며 원점이기도 합니다.
여러분도 손뜨개를 즐겨보세요.

michiyo

S

M

S / M / L / LL

4 size knitting by michiyo

01

큼직한 무늬 풀오버

극태사로 성글게 떠서 입체감이 두드러지는 큼직한 무늬뜨기 풀오버는 4가지 사이즈의 차이가 눈에 띄지 않을 수도 있겠다 싶었습니다. 그래서 이왕 책을 펴내는 김에 4가지 사이즈를 다 만들어봤습니다. 사이즈별로 몇 코 차이밖에 나지 않지만 입어보면 확실히 다르게 느껴집니다. 사이즈가 달라도 목둘레단 주변이나 소매산 등의 무늬뜨기가 끝나는 부분은 깔끔하게 마무리되도록 동일하게 뜹니다.

Yarn / 하마나카 아메리 L 극태사

see >> P 42

6

L

LL

02

숄칼라 더플코트

더플코트의 숄칼라를 단순한 고무뜨기가 아니라 케이블무늬를 넣어 두 겹으로 만들면 칼라를 접어도 귀여울 것 같아서 디자인했습니다. 몸판과 함께 칼라를 뜰 수 있게 사소한 기법을 곳곳에 적용했습니다. 아우터는 가볍고 따뜻하게 만들고 싶어서 보송한 기모 실을 합쳐서 떴습니다. 실 두 종류를 겹치면 뜨개바탕이 멜란지 느낌을 줘서 아주 마음에 들어요.

Yarn / 하마나카 소노모노 알파카울 병태사, 소노모노 헤어리

see >> P46

S / M / L / LL

4 size knitting by michiyo

03

배색무늬 요크 풀오버

잡지에 연재를 시작하며 처음 선보인 작품으로, 원래는 뒤판이 더 긴 베스트였습니다. 이번에 긴소매로 변형하는 과정에서 단순히 소매를 더 뜨기만 해서는 무늬가 틀어지기 때문에 앞뒤에 단차를 줘서 앞판의 네크라인이 내려오게 변경했습니다. 사이즈가 커져도 쉽게 뜰 수 있도록 1무늬당 콧수를 늘려서 무늬를 표현했습니다.

Yarn / 다루마 셰틀랜드 울

see >> P 50

04

레이스무늬 틸든 베스트

틸든 스웨터는 예전부터 매우 좋아해서 다양하게 변형하여 종종 만들었습니다. 이번에는 전체를 레이스 느낌으로 떠보려고 무늬를 정한 후 그 무늬대로 사이즈를 증감할 수 있게 하니 이런 형태가 되었습니다. 잡지 《털실타래》에서는 여름실을 써서 소맷단을 조금 작게 해서 풀오버에 가깝게 만들었습니다. 그런데 이번에는 겨울실을 이용해 진동둘레와 밑단 폭을 넓혀서 낙낙한 베스트 사양으로 디자인했습니다.

Yarn / 다루마 랑부예 메리노울

see >> P 52

05

아란무늬 스퀘어 베스트

쨍하게 밝은 색상으로 뜬 베스트의 이미지가 머릿속에 떠올라서 어두워지기 쉬운 가을겨울 코디에 잘 어울리는 파란색을 선택했습니다. 옆선을 트면 헐렁한 옷과도 무난하게 조합할 수 있어요. 일직선의 디자인에 제격인 성긴 아란무늬로 만들어 도톰하게 표현했습니다. 치수는 옆선의 메리야스뜨기뿐 아니라 무늬 간격으로도 조절해 전체적인 이미지가 달라지지 않게 했습니다.

Yarn / 퍼피 브리티시 에로이카

see >> P56

S / M / L / LL

4 size knitting by michiyo

S / M / L / LL ——

—— 4 size knitting by michiyo

06

아가일 소매 카디건

잡지에서는 부피감이 있는 소매에 가로 방향으로 아가일무늬를 넣었는데 이번에는 소매를 직선으로 떨어지는 버전으로 만들어봤습니다. 아가일무늬는 세로 방향으로 변경했어요. 치수에 따라 아가일무늬가 중간에 잘리지 않게 무늬 넣는 방법을 우선하여 도안을 그렸습니다. 또한 목둘레단이 뒤로 넘어가기 쉬운 카디건이라서, 아가일무늬가 소매 중심보다 조금 앞쪽으로 오게 배치했습니다. 이런 디테일에 신경을 쓰는 것이 저만의 사소한 고집입니다.

Yarn / 이사게르 메릴린

see >> P 58

07

풍성한 플레어 풀오버

가는 모헤어로 떠서 비쳐 보이는 레이어드용 풀
오버 디자인이 먼저 머릿속에 떠올랐는데, 요
크에 무늬를 넣고 싶어서 입체적으로 보이는
버블을 넣어 꾸며주었습니다. 버블이 작고 많
아서 힘들지만 무늬가 생기면 즐거워요. 모헤어
를 쓰면 소매와 몸판에 부피감을 연출해도 매
우 가볍게 완성되는 점이 마음에 듭니다. 셔츠
나 원피스에 꼭 겹쳐 입어보세요.

Yarn / NV얀 모헤어

see >> P 64

S / M / L / LL

4 size knitting by michiyo

S / M / L / LL ——————

4 size knitting by michiyo

08

헤링본무늬와 격자무늬 롱스커트

손뜨개 스커트는 일 년에 한 번은 꼭 만들고 싶은 아이템 중 하나입니다. 잡지에 소개된 여름실로 만든 스커트와는 또 다른 분위기가 느껴집니다. 모양을 개더스커트로 정하고, 트리 같은 무늬로 뜨다가 밑단에서 전혀 다른 무늬로 변형했습니다. 또한 허리 부분의 1코고무뜨기에서 밑단 무늬까지 무늬 한 개의 콧수를 최소한으로 해서 치수를 조절하기 쉽게 했습니다.

Yarn / 이사게르 트위드

see >> P 61

S / M / L / LL

4 size knitting by michiyo

09

양쪽 소매의 무늬가 다른 풀오버

단순하지만 개성이 돋보이는 옷을 좋아해서 이런 비대칭 디자인도 빠뜨릴 수 없었어요. 배색 무늬는 가능하면 겉쪽만 보고 뜨고 싶어서 원통뜨기합니다. 소매처럼 원통이 작은 배색무늬 뜨기는 특히 코가 빡빡해질 때가 많으므로 무늬의 시작과 끝에 콧수를 증감했습니다. 배색 무늬뜨기가 서투른 분도 꼭 도전해보세요.

Yarn / 이토이토 브루클린 W

see >> P 66

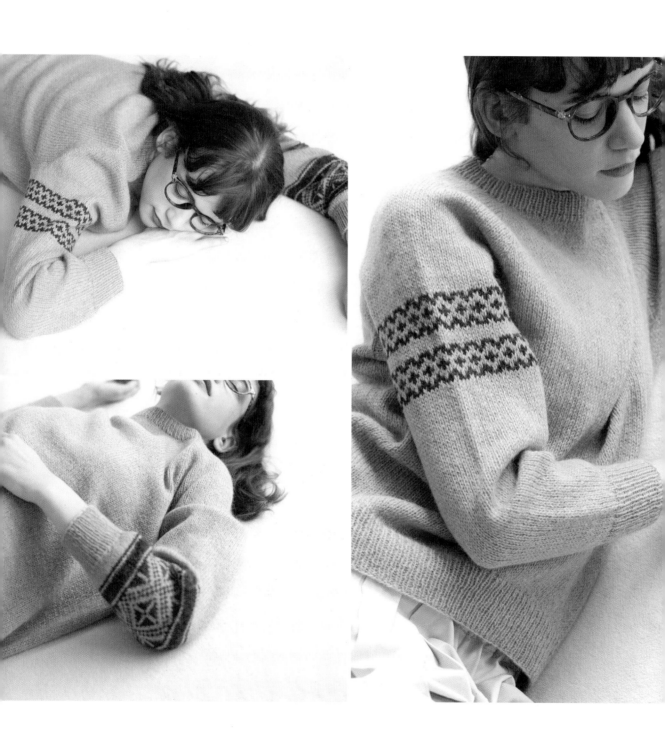

10

나뭇잎무늬 변형 베스트

원래는 봄여름용 옷이었는데 겨울실로 뜨면서 네크라인을 조금 줄였습니다. 판초 같은 폭이 넓은 몸판의 양쪽에 진동둘레가 있는 형태는 제가 좋아하는 스타일 중 하나입니다. 튤립처럼 보이기도 하는 나뭇잎 무늬가 먼저 떠오른 디자인이었기에 무늬뜨기 부분은 무늬에 집중할 수 있게 콧수를 증감하지 않고 이런 모양으로 완성했습니다.

Yarn / 이사게르 옌센 얀

see >> P 74

11

베리버블무늬 카디건

스퀘어로 떠서 소매를 다는 마거리트 카디건은
흔한 디자인이지만, 좀 더 세련된 실루엣과 버
블무늬가 동시에 머릿속에 떠오른 작품입니다.
무늬에 따라 콧수를 증감하거나 소매의 코를
줍는 위치와 뜨개 시작부분을 고려해서 만들
었더니 경계선이 눈에 잘 띄지 않게 되었습니
다. 이 버블뜨기는 바늘을 좀 더 쉽게 넣을 수
있는 안쪽 면에서 작업했습니다.

Yarn / 다루마 울 탐

see >> P71

12

비대칭 풀오버

'입으면 어떤 모습일까?' 궁금해지는 모양을 때
때로 만들고 싶어지는데 이 옷도 그중 하나였
습니다. 원래는 굵기가 일정하지 않은 슬러브
얀으로 뜬 5부 소매였는데, 겨울실인 루프 얀
을 선택해 긴소매로 만들었어요. 양쪽 소매의
길이도 너비도 다른 비대칭을 즐기며 입기 바
랍니다. 입을 때는 밑단의 고무뜨기를 좌우로
움직여 몸판의 드레이프가 예쁘게 드러나게
조절해보세요.

Yarn / NV얀 루프, 나미부토

see >> P77

13

리본 매듭 풀오버

가늘고 매끈한 여름실로 떠서 리본 매듭으로
포인트를 준 단순한 프렌치 풀오버를 겨울실로
바꿨더니, 리본의 부피감도 두드러지며 입기 편
한 스웨터가 완성되었습니다. 여름실로 뜰 때
는 리본을 평면뜨기로 만들어도 괜찮았는데
겨울실은 가장자리가 둥글게 말려서 원통뜨기
로 만들었습니다. 조금 가는 실을 사용하기 때
문에 긴소매라도 매우 가볍게 완성됩니다.

Yarn / 케이토 우루리

see >> P 83

14

망사무늬 개더 베스트

잡지에 연재할 때는 마 소재로 떠서 주름이 탄탄하게 잡혔는데, 털실로 바꿔 한층 더 부피감 있게 완성되었습니다. 겉과 안 양쪽에서 작업하는 무늬를 꼭 뜨고 싶어서 무늬에 맞게 형태를 디자인한 작품이에요. 털실로 뜨면 부드럽고 폭신폭신하게 떠져서 사방 어디에서 봐도 모양이 좋습니다.

Yarn / 하마나카 소노모노 합태사

see >> P 80

S / M / L / LL ——————

4 size knitting by michiyo

34

15

케이블무늬 케이프

이 케이프는 쉬운 도안으로 뜰 수도 있지만, 이번에는 크기가 작은 만큼 네크라인을 확실히 만들고 하이넥은 목의 굵기에 따라 완성할 수 있게 했습니다. 무늬뜨기도 예쁘게 넣었습니다. 어느 사이즈든지 무늬의 끝부분을 맞췄기 때문에 인상이 똑같습니다. 옆쪽의 가터뜨기는 코줄이기로 완성하는데 어깨 부분이 자연스럽게 처지므로 세로 방향으로 억지로 늘리지 말고 스팀으로 마무리해보세요.

Yarn / 퍼피 차스카

see >> P 86

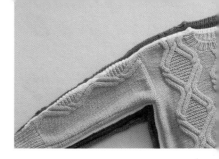

Column
(1)

게이지와
사이즈 조절에 대하여

(게이지에 대하여)

뜨개질에서 가장 중요한 '게이지'는 일반적으로 10㎝당 콧수와 단수를 표기하는 것인데 결국은 뜨개코의 크기를 나타냅니다.

먼저 제 '손놀림'은 느슨하거나 빡빡한 정도(뜨개코의 크고 작은 정도)로 말하자면 조금 느슨한 편입니다. 대바늘에 걸리는 실을 좌우로 쉽게 움직일 수 있는 정도입니다.
제가 디자인한 작품의 70%는 니터들이 뜨고 있지만 저와 똑같은 게이지가 나오도록 부탁합니다. 그래서 다행히 지금까지 발표한 작품 중 게이지가 느슨해지거나 빡빡해진 경우는 없으며, 늘 일정합니다.
지금까지 제 디자인을 떠준 분들은 '거의 같은 호수로 뜬다' 또는 '1호 높여서 뜬다'고 할 때가 많습니다.
여러분의 '손놀림'은 어떤가요?

뜨개질에서는 작품을 뜨기 전에 가로세로 10㎝ 이상(가능하면 15~20㎝)의 스와치를 뜨고 기재된 게이지에 가까운지 확인하는 작업이 있습니다. 만약에 게이지가 전혀 다른데 그대로 뜨면 수록된 작품과 완전히 다른 크기로 완성됩니다. 따라서 게이지가 맞도록 바늘 호수를 조정해야 합니다.
하지만 이는 기준일 뿐이며 저는 1코, 1단 정도의 차이는 크게 문제가 되지 않는다고 봅니다. 인간의 수작업이므로 게이지용의 작은 스와치에서는 게이지가 맞았더라도 콧수가 많은 몸판을 뜨기 시작하면 느슨해지거나 소매의 작은 원통뜨기는 빡빡해지는 일이 흔히 있습니다.
그렇게 된 경우에는 임기응변으로 바늘 호수를 바꿔서 조정해보세요.

기본적으로 게이지가 비슷하면 다 뜬 후 지정한 치수대로 시침핀을 꽂아서 스팀다리미로 다림질해 모양을 잡으면 문제없이 해결됩니다.

그러나 코와 단의 게이지가 미묘하게 달라서 어느 쪽에 맞춰야 할지 고민하는 사람도 수두룩합니다.

이에 관해서는 디자인도 고려해야 하는데, 대체로 콧수의 게이지에 맞춰서 단수를 조절하는 방법이 편합니다. 그러나 무늬 특성상 단수를 조절하고 싶지 않다면 콧수를 증감하세요.

그럼 지정한 실 이외의 실을 사용하는 경우는 어떻게 해야 할까요?

물론 최대한 비슷한 굵기로 질감도 비슷한 실을 선택하는 방법이 좋습니다. 하지만 밀도가 있는 실을 5호 대바늘로 뜨는 것과 부드럽고 가벼운 실을 8호 대바늘로 뜨는 것의 게이지가 같기도 하므로, '메리야스 게이지가 비슷한 것'이 가장 좋은 기준입니다. 실의 라벨에는 기본적으로 표준 메리야스 게이지가 기재되어 있습니다. 이 책에서는 실을 소개하는 페이지(P.40)에 메리야스 게이지도 실었으니 참고하기 바랍니다.

사용하고 싶은 실의 표준 메리야스 게이지(표시가 없으면 그 실의 적정 호수로 뜬 메리야스뜨기의 게이지)로 비교해보세요. 실의 굵기는 실물 크기 사진을 참고하세요.

S   M   L   LL

게이지와
사이즈 조절에 대하여

(사이즈 조절에 대하여)

이 책에는 4가지 사이즈 사양이 수록되었으므로 너비는 L을 택하고 길이는 M을 택하는 등 간단한 사이즈 조절도 하기 편합니다. 하지만 좀 더 작게 만들고 싶거나 크게 만들고 싶은 경우의 방법을 소개하겠습니다.

[바늘 호수를 1~2호 바꾼다]

사이즈를 작게 하고 싶은 경우에는 바늘 호수를 낮춥니다. 크게 하고 싶은 경우에는 바늘 호수를 높입니다. 바늘 호수 1호*를 바꾸면 뜨개바탕의 크기가 5% 정도 달라집니다. 뜨개바탕의 빡빡함과 느슨함에는 한도가 있어서 너무 크게 바꾸면 분위기가 달라지므로 ±2호까지만 변경하세요.

[실을 바꾼다]

메리야스 게이지를 기본으로 ~중세사라면 3코 3단 정도, ~병태사라면 2코 2단 정도, 극태사라면 1코 1단 정도 다른 것을 선택합니다.
사이즈를 작게 하고 싶다면 메리야스 게이지의 숫자가 큰 실, 크게 하고 싶다면 숫자가 작은 실로 합니다.
즉 작품의 메리야스뜨기 게이지가 20코 28단이라고 하면, 작게 하고 싶은 경우에는 메리야스 게이지가 22코 30단 정도인 실, 크게 하고 싶은 경우에는 18코 27단 정도인 실을 선택합니다.

* 일본 대바늘 기준에 따르면 1호수마다
바늘 지름이 0.3mm씩 증감한다.

[무늬를 증감한다]

메리야스뜨기나 고무뜨기만으로 이루어진 단순한 뜨개바탕이라면 코와 단을 쉽게 증감할 수 있지만, 아란무늬 등 전체에 들어가는 디자인일 경우에는 무늬 자체를 증감하는 방법도 좋습니다.

이를테면 '아란무늬 스퀘어 베스트'는 무늬와 무늬 사이의 콧수를 바꿨습니다. 다른 방법으로는 2×3코 교차뜨기한 케이블을 2×2코, 또는 3×3코 교차뜨기로 바꿔서 교차시키는 콧수를 증감하는 것도 고려하기도 했습니다.

4가지 사이즈를 만든 '큼직한 무늬 풀오버'는 옆선의 안메리야스뜨기 부분만으로 치수를 바꿨는데 같은 요령으로 무늬와 무늬 사이의 안메리야스뜨기를 늘려도 좋습니다.

그 밖에는 '헤링본무늬와 격자무늬 롱스커트'처럼 단순히 무늬 한 개를 증감하는 것만으로도 치수 변화 폭이 넓어집니다.

[마무리할 때 스팀다리미로 조정한다]

이 방법은 조금 크게 만들 때 매우 효과적입니다. 당연히 실과 뜨개바탕에 따라 차이가 있지만 전체적으로 가로세로 3~5㎝ 정도는 치수를 늘릴 수 있습니다.

각 부위의 뜨개바탕이나 단끼리 이은 후에도 원하는 치수까지 최대한 늘려서 시침핀을 꽂고 스팀다리미로 다림질해서 그대로 하루를 둡니다.

About Yarns ——— 이 책에서 사용한 실

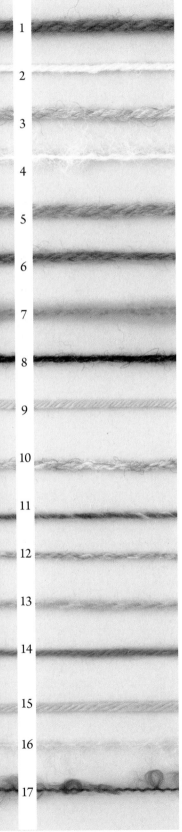

(실물 크기)

1 아메리 L^{Amerry L} 극태사
울(뉴질랜드 메리노) 70%·아크릴 30%, 40g 1볼/약 50m 극태사
표준 메리야스 게이지 : 12~13코, 16~17단(13~15호) 총 14색

2 소노모노^{Sonomono} 합태사
울 100%, 40g 1볼/약 120m 합태사
표준 메리야스 게이지 : 23~24코, 31~32단(4~5호) 총 7색

3 소노모노 알파카 울^{Sonomono Alpaca Wool} 병태사
울 60%·알파카 40%, 40g 1볼/약 92m 병태사
표준 메리야스 게이지 : 21~22코, 26~27단(6~8호) 총 5색

4 소노모노 헤어리^{Sonomono Hairy}
알파카 75%·울 25%, 25g 1볼/약 125m 병태사
표준 메리야스 게이지 : 18~19코, 27~28단(7~8호) 총 6색

5 브리티시 에로이카^{British Eroika}
울 100%(영국 양모 50% 이상 사용), 50g 1볼/약 83m 극태사
표준 메리야스 게이지 : 15~16코, 21~22단(8~10호) 총 35색

6 차스카^{Chaska}
알파카 100%(베이비알파카 100% 사용), 50g 1볼/100m 합태사
표준 메리야스 게이지 : 21~22코, 27~28단(4~6호) 총 6색

7 울 탐^{Wool Tam}
울 100%, 50g 1볼/약 71m 초극태사
표준 메리야스 게이지 : 11~12코, 17~18단(14~15호) 총 6색

8 셰틀랜드 울^{Shetland Wool}
울(셰틀랜드 울) 100%, 50g 1볼/약 136m 합태사
표준 메리야스 게이지 : 20~21코, 27~28단(5~7호) 총 15색

9 랑부예 메리노울^{Rambouillet Merino Wool}
울(랑부예 메리노울) 100%, 50g 1볼/약 145m 합태사
표준 메리야스 게이지 : 26~28코, 34~37단(3~5호) 총 12색

10 옌센 얀^{Jensen Yarn}
울 100%, 100g 1타래/약 250m 합태사
표준 메리야스 게이지 : 22코, 28단(3호) 총 27색

11 이사게르 트위드^{Isager Tweed}
울 70%·모헤어 30%, 50g 1타래/약 200m 중세사
표준 메리야스 게이지 : 26코, 32단(3호) 총 23색

12 메릴린^{Merilin}
울 80%·리넨 20%, 50g 1볼/약 208m 합태사
표준 메리야스 게이지 : 26코, 32단(3호) 총 17색

13 브루클린 W^{Brooklyn W}
울(울 50%, 재생울 25%) 75%·모헤어(재생 모헤어) 25%, 50g 1볼/약 195m 중세사
표준 메리야스 게이지 : 22~23코, 28~30단(4~6호) 총 13색

14 우루리^{Ururi}
울 65%·나일론 30%·리넨 5%, 100g 1볼/약 400m 중세사
표준 메리야스 게이지 : 22~24코, 32~34단(3~5호) 총 8색

15 나미부토^{Namibuto}
울(메리노울) 100%, 40g 1볼/약 100m 병태사
표준 메리야스 게이지 : 22코, 30단(6호) 총 16색

16 모헤어^{Mohair}
모헤어(키드 모헤어) 66%·나일론 22%·울 12%, 20g 1볼/약 180m 극세사
표준 메리야스 게이지 : 28코, 35단(5호) 총 12색

17 루프^{Loop}
울 56%·모헤어(키드 모헤어) 24%·나일론 20%, 30g 1볼/약 120m 합태사
표준 메리야스 게이지 : 17코, 24단(9호) 총 8색

(2023년 11월 1일 현재)

* 실은 예고 없이 변경, 단종될 수 있으니 양해 바랍니다.
* 실에 관한 문의처는 P.96을 참조하세요.

How to Knit

(작품을 뜨는 방법, 만드는 방법)

□ 그림 속 숫자의 단위는 ㎝입니다.

□ 이 책의 작품을 뜨는 방법은 S, M, L, LL 사이즈로 표시했습니다. 기재한 작품 치수를 참고하여 자신의 체형과 취향에 맞춰서 너비와 길이를 변형해서 뜨세요. 작품 치수는 뜨는 사람의 손놀림에 따라 달라집니다. 치수대로 완성하고 싶은 경우에는 표시해놓은 게이지에 맞춰 대바늘 호수를 조정하세요. (스와치의 크기가 작은 경우 대바늘 호수를 높이고 큰 경우에는 대바늘 호수를 낮춘다)

□ 작품은 '01 큼직한 무늬 풀오버'를 제외하면 전부 M사이즈로 제작했습니다. 옷을 착용한 모델의 키는 170㎝입니다.

□ 실 사용량은 작품을 제작한 당시 기준입니다. 뜨는 사람의 손놀림에 따라 필요한 실의 양이 크게 달라질 수 있습니다. 염려될 경우에는 실을 넉넉하게 준비하는 것을 추천합니다.

□ 사용된 실, 색상은 예고 없이 단종될 수 있으니 양해 바랍니다.

□ 뜨개의 기초는 90쪽에서 소개하는 테크닉 가이드를 참조하세요.

Basic Technique Guide ················· *page* 90

신체치수 (단위는 ㎝)

	S	M	L	LL
가슴둘레	79~84	85~90	91~96	97~102
허리둘레	60~65	66~71	72~77	78~83
엉덩이둘레	84~88	89~93	94~98	99~103

* 작품은 위의 신체치수를 기준으로 제작했습니다. 치수를 선택할 때 참고하되, 작품에 따라 느슨한 정도가 다르다는 점을 감안하세요.

01 큼직한 무늬 풀오버 *page* << P 06

재료
하마나카 아메리 L 극태사
실의 색상명, 색번호, 사용량은 하단의 표를 참조하세요.

도구
대바늘 14호, 12호, 8호(소매 달기 용도)

완성 치수(단위는 ㎝)

	가슴둘레	어깨너비	길이	소매길이
S	104	48	58	44.5
M	110	50	61	46.5
L	116	51	65.5	48.5
LL	122	52	68.5	50.5

게이지
10㎝×10㎝ 안메리야스뜨기 14코 19단, 무늬뜨기A 17.5코 19단, 무늬뜨기B 16.5코 19단

Point
● 몸판, 소매 … 몸판은 손가락에 걸어서 만드는 시작코로 뜨기 시작하며 1코고무뜨기, 안메리야스뜨기, 무늬뜨기A로 뜹니다. 진동둘레는 덮어씌워 코막음하고 네크라인은 끝부분의 1코를 세워서 코를 줄입니다. 소매는 몸판과 같은 요령으로 뜨기 시작하며 1코고무뜨기, 안메리야스뜨기, 무늬뜨기B로 뜹니다. 소매 옆선의 코늘리기는 도안을 참조하고 뜨개 끝부분은 쉼코로 둡니다.

● 마무리 … 실이 굵기 때문에 잇기와 소매 달기는 실을 갈라서 사용합니다. 어깨는 덮어씌워 잇고 옆선과 소매 옆선은 실을 떠 올려서 잇습니다. 목둘레단은 지정한 콧수만큼 코를 주워서 1코고무뜨기를 원통으로 뜹니다. 뜨개 끝부분은 1코고무뜨기로 코막음합니다. 소매는 몸판이 앞쪽으로 오도록 안쪽이 밖으로 나오게 마주 놓고 시침핀으로 고정한 다음 8호 대바늘을 사용해 소매의 코를 몸판 안쪽으로 빼냅니다. 소매의 코를 몸판 가장자리에서 1코 안쪽으로 한 바퀴를 빼내고 나면 실을 갈라서 울지 않게 덮어씌워 코막음합니다.

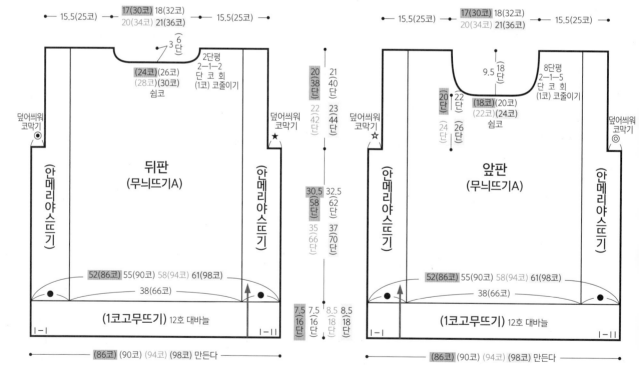

※ 지정한 부분 외에는 14호 대바늘로 뜬다
▨ = S사이즈
박스 없음 = M사이즈, 공통
별색 글자 = L사이즈
▨ = LL사이즈

● 7(10코) / 8.5(12코) / 10(14코) / 11.5(16코)

★ · ☆ 2(3코) / 3(4코) / 3.5(5코) / 4.5(6코)
◎ · ◎

실 사용량

사이즈	색상명(색번호)	사용량
S사이즈	회색(112)	640g/16볼
M사이즈	에크루(101)	720g/18볼
L사이즈	빨강(106)	760g/19볼
LL사이즈	갈색(103)	840g/21볼

1코고무뜨기 (밑단, 소맷단)

□ = Ｉ

무늬뜨기A

S M L LL

1 5 10 15 20 25 30 32

(chart rows) 1 5 10 15 20 25 30 35 40 45 50 55 60 65 66

= 오른코 위 2코와 3코 교차뜨기(아래쪽에 겉뜨기 2코, 안뜨기 1코)

= 왼코 위 2코와 3코 교차뜨기(아래쪽에 안뜨기 1코, 겉뜨기 2코)

= ─

43

뒤판 네크라인에서 코줄이는 방법과 목둘레단의 코줄이는 위치

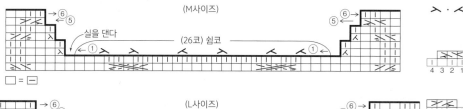

(M사이즈)

실을 댄다
(26코) 쉼코

□ = ⊟

(L사이즈)

실을 댄다
(28코) 쉼코

□ = ⊟

(LL사이즈)

실을 댄다
(30코) 쉼코

□ = ⊟

=목둘레단의 1단에서
2코모아뜨기하는 위치
※S사이즈도 같은 요령으로
2코모아뜨기한다.

=1, 2의 코를 꽈배기바늘로 옮겨서
앞쪽에 놓고 3, 4의 코를 왼코 겹쳐
2코모아뜨기한다.
1, 2의 코를 겉뜨기한다.

=1, 2의 코를 꽈배기바늘로 옮겨서
뒤쪽에 놓고 3, 4의 코를 겉뜨기한다.
1, 2의 코를 오른코 겹쳐
2코모아뜨기한다.

=1의 코를 꽈배기바늘로 옮겨서
앞쪽에 놓고 2, 3의 코를 왼코 겹쳐
2코모아뜨기한다.
1의 코를 겉뜨기한다.

=1, 2의 코를 꽈배기바늘로 옮겨서
뒤쪽에 놓고 3의 코를 겉뜨기한다.
1, 2의 코를 오른코 겹쳐
2코모아뜨기한다.

앞판 네크라인에서 코줄이는 방법과 목둘레단의 코줄이는 위치

(M사이즈)

실을 댄다
(20코) 쉼코

□ = ⊟

=1의 코를 꽈배기바늘로 옮겨서
뒤쪽에 놓고 2, 3의 코를 겉뜨기한다.
1, 4의 코를 오른코 겹쳐
2코모아뜨기한다.

=1의 코를 꽈배기바늘로 옮겨서
뒤쪽에 놓고 2, 3의 코를 겉뜨기한다.
1, 4의 코를 왼코 겹쳐
2코모아뜨기한다.

=1의 코를 꽈배기바늘로 옮겨서
뒤쪽에 놓고 2의 코를 겉뜨기한다.
1, 3의 코를 오른코 겹쳐
2코모아뜨기한다.

=1의 코를 꽈배기바늘로 옮겨서
뒤쪽에 놓고 2의 코를 겉뜨기한다.
1, 3의 코를 왼코 겹쳐
2코모아뜨기한다.

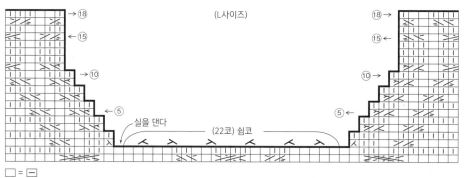

(L사이즈)

실을 댄다
(22코) 쉼코

□ = ⊟

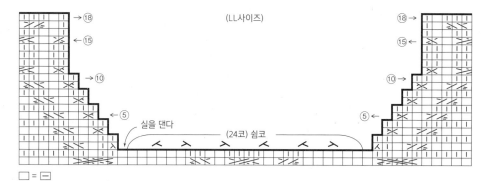

(LL사이즈)

실을 댄다
(24코) 쉼코

□ = ⊟

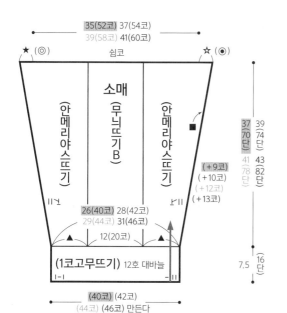

쉼코

35(52코) 37(54코)
39(58코) 41(60코)

★(◎)　　　　　☆(◉)

(안메리야스뜨기)

소매
(무늬뜨기B)

(안메리야스뜨기)

(+9코)
(+10코)
(+12코)
(+13코)

26(40코) 28(42코)
29(44코) 31(46코)

12(20코)

▲　　　　　▲

(1코고무뜨기) 12호 대바늘

37(70단) 39(74단)
41(78단) 43(82단)

7.5 (16단)

(40코) (42코)
(44코) (46코) 만든다

★ · ☆ {
2(3코)
3(4코)
3.5(5코)
4.5(6코)
}

■ {
7단평　　7단평
6—1—4　6—1—6　7단평　5단평
8—1—4　8—1—3　6—1—11　6—1—12
7—1—1　7—1—1　5—1—1　5—1—1
단 코 회　단 코 회　단 코 회　단 코 회
}

▲ {
7(10코)
8(11코)
8.5(12코)
9.5(13코)
}

※★, ☆는 오른쪽 소매, ◉, ◎는 왼쪽 소매 표시점

▨ = S사이즈
박스 없음 = M사이즈, 공통
별색 글자 = L사이즈
　 = LL사이즈

소매 옆선의 코늘리기 (M사이즈)

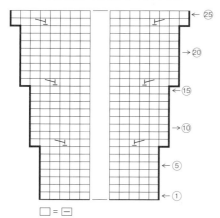

→ 25
→ 20
← 15
→ 10
← 5
← 1

□ = —

┌──┐
│ ↗│ = 오른코늘려 안뜨기
└──┘　※안쪽에서 겉뜨기로 오른코를 늘린다

┌──┐
│ ↘│ = 왼코늘려 안뜨기
└──┘　※안쪽에서 겉뜨기로 왼코를 늘린다

목둘레단 (1코고무뜨기) 12호 대바늘

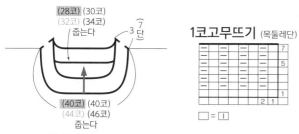

(28코) (30코)
(32코) (34코)
줍는다
(7)
3 단
줍는다

(40코) (40코)
(44코) (46코)
줍는다

※1단에서 (12코) 코줄이기. 도안 참조.

1코고무뜨기 (목둘레단)

							7
							5
							1
				2	1		

□ = |

무늬뜨기B

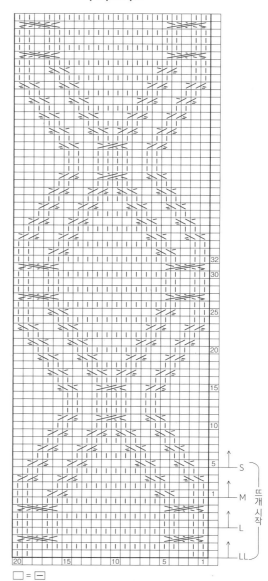

□ = —

02

숄칼라 더플코트

page << P08

재료
하마나카 소노모노 알파카 울 병태사, 소노모노 헤어리
실의 색상명, 색번호, 사용량은 하단의 표를 참조하세요.
45mm×15mm 토글단추 2세트, 지름 20mm 단추 1개.

도구
대바늘 9호. 코바늘 5/0호.

완성 치수(단위는 cm)

	가슴둘레	총길이	화장*
S	104.5	64.5	73
M	113	66	75
L	119.5	68	77.5
LL	127	70	79.5

* 뒷목 중심에서 소매 끝까지의 길이

게이지
10cm×10cm 메리야스뜨기 16코 22단

Point
● 몸판, 소매 … 지정한 부분 외에는 회색과 회갈색
을 1가닥씩 겹쳐서 뜹니다. 손가락에 걸어서 만드는
시작코로 뜨기 시작하며 뒤판과 소매는 2코고무뜨기
와 메리야스뜨기, 앞판은 2코고무뜨기와 메리야스뜨
기, 무늬뜨기A, B, C로 뜹니다. 래글런선의 코줄이기,
앞판 칼라의 코늘리기는 도안을 참조합니다.

● 마무리 … 래글런선, 옆선, 소매 옆선은 실을 떠
올려서 잇고 겨드랑이 부분은 메리야스뜨기로 잇
고 뒤판 칼라 중심은 빼뜨기로 잇습니다. 칼라와 앞
여밈단은 안쪽으로 접어서 휘갑치는데 뒤판의 칼라
는 안쪽으로 접어서 소매와 뒤판 뜨개 끝부분 위치
에 휘갑칩니다. 고리 끈과 단추 고리를 뜹니다. 마무
리 방법을 참조해서 고리 끈과 단추를 달아서 완성
합니다.

실 사용량

실 이름, 색상명(색번호)	S사이즈	M사이즈	L사이즈	LL사이즈
소노모노 알파카 울 병태사, 회색(64)	470g/12볼	525g/14볼	580g/15볼	635g/16볼
소노모노 헤어리, 회갈색(125)	225g/9볼	250g/10볼	275g/11볼	300g/12볼

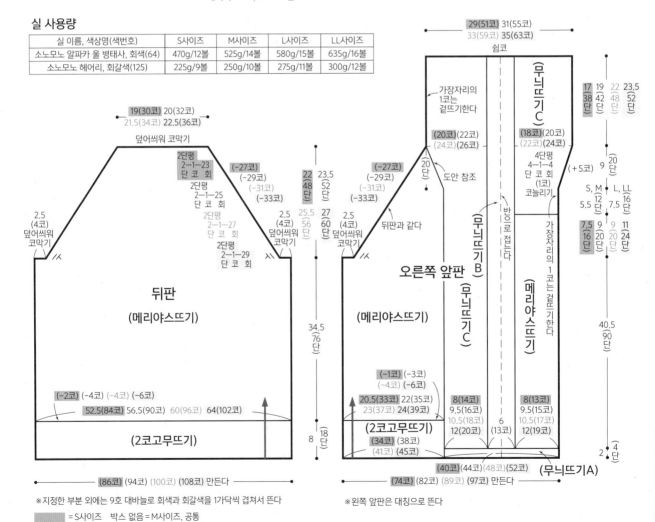

※지정한 부분 외에는 9호 대바늘로 회색과 회갈색을 1가닥씩 겹쳐서 뜬다

[회색 박스] = S사이즈 박스 없음=M사이즈, 공통
별색 글자 = L사이즈 [회색 박스] = LL사이즈

※왼쪽 앞판은 대칭으로 뜬다

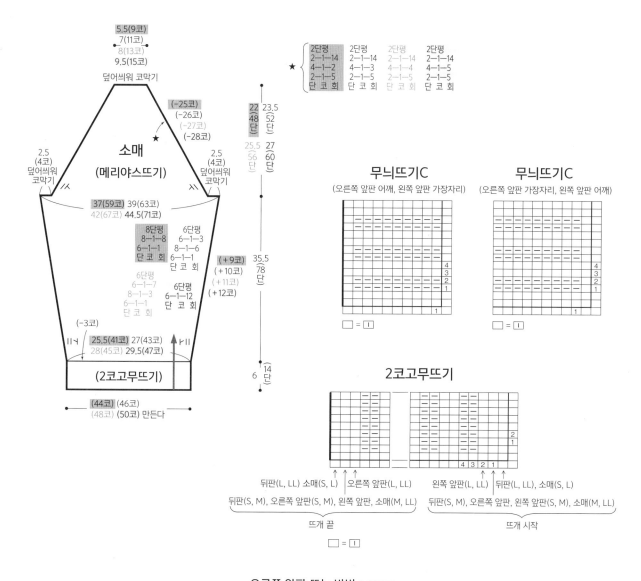

5.5(9코)
7(11코)
8(13코)
9.5(15코)

덮어씌워 코막기

(−25코)
(−26코)
(−27코)
(−28코)

★

소매
(메리야스뜨기)

2.5
(4코)
덮어씌워
코막기

2.5
(4코)
덮어씌워
코막기

37(59코)　39(63코)
42(67코)　44.5(71코)

8단평
8−1−8
6−1−1
단 코 회

6단평
6−1−3
8−1−6
6−1−1
단 코 회

6단평
6−1−7
8−1−3
6−1−1
단 코 회

6단평
6−1−12
단 코 회

(+9코)
(+10코)
(+11코)
(+12코)

(−3코)

25.5(41코)　27(43코)
28(45코)　29.5(47코)

(2코고무뜨기)

(44코)　(46코)
(48코)　(50코) 만든다

22
48
단

23.5
52
단

25.5
56
단

27
60
단

35.5
78
단

6
14
단

★

2단평	2단평	2단평	2단평
2−1−14	2−1−14	2−1−14	2−1−14
4−1−2	4−1−3	4−1−4	4−1−5
2−1−5	2−1−5	2−1−5	2−1−5
단 코 회	단 코 회	단 코 회	단 코 회

무늬뜨기C
(오른쪽 앞판 어깨, 왼쪽 앞판 가장자리)

□ = [|]

무늬뜨기C
(오른쪽 앞판 가장자리, 왼쪽 앞판 어깨)

□ = [|]

2코고무뜨기

뒤판(L, LL) 소매(S, L)　오른쪽 앞판(L, LL)

뒤판(S, M), 오른쪽 앞판(S, M), 왼쪽 앞판, 소매(M, LL)

뜨개 끝

왼쪽 앞판(L, LL)　뒤판(L, LL), 소매(S, L)

뒤판(S, M), 오른쪽 앞판, 왼쪽 앞판(S, M), 소매(M, LL)

뜨개 시작

□ = [|]

오른쪽 앞판 뜨는 방법 (M사이즈)

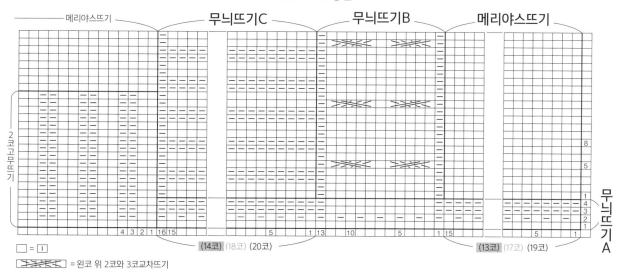

메리야스뜨기　　무늬뜨기C　　무늬뜨기B　　메리야스뜨기

2코고무뜨기

무늬뜨기A

4 3 2 1 16 15　(14코) (18코) (20코)　5　1 13　10　5　1 15　5　1　(13코) (17코) (19코)

8
5
1 4 3 2 1

□ = [|]

= 왼코 위 2코와 3코교차뜨기

= 오른코 위 2코와 3코교차뜨기

47

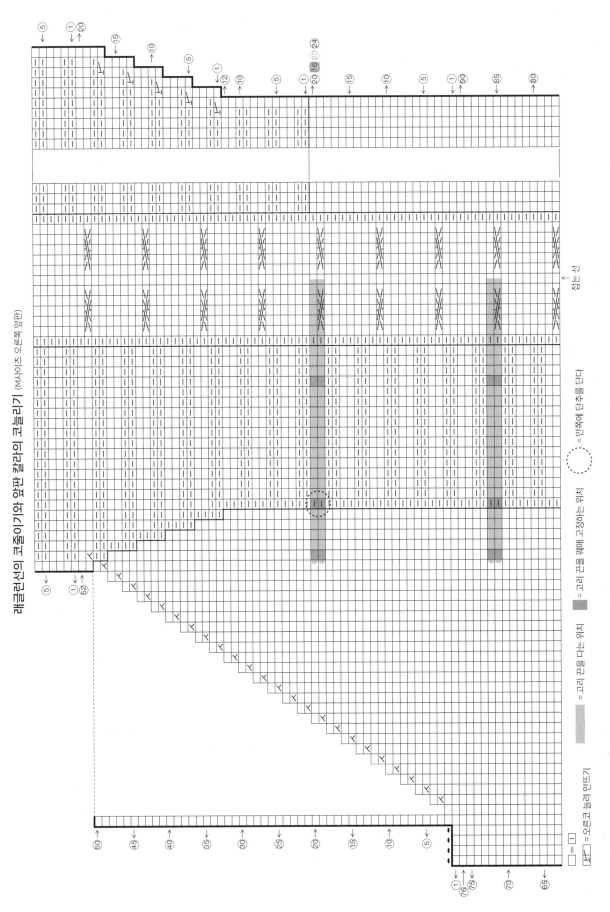

래글런선의 코줄이기와 앞판 칼라의 코늘리기 (M사이즈 오른쪽 앞판)

접는 선

= 안쪽에 단추를 단다

= 고리 끈을 꿰매 고정하는 위치

= 고리 끈을 다는 위치

= 오른코 늘려 안뜨기

= 1

48

단추 고리 (M사이즈 왼쪽 앞판)

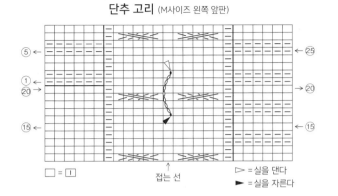

⑤ ←
① ←
⑳ →
⑮ ←

→ ㉕
→ ⑳
← ⑮

□ = ①

접는 선
↑

▷ = 실을 댄다
► = 실을 자른다

고리 끈 (이중 사슬뜨기) 2줄

5.0호 코바늘 회색 1가닥

S 34(76코) M 36(80코)
L 38(84코) LL 39(86코)

고리 끈을 다는 방법

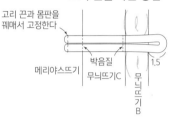

고리 끈과 몸판을
꿰매서 고정한다

메리야스뜨기

박음질
무늬뜨기C

무늬뜨기
B

1.5

마무리 (공통)

안쪽이 밖으로 나오게 마주 놓고
회색과 회갈색 1가닥씩 겹쳐서
빼뜨기로 잇기

안쪽으로 접어서
휘갑치기

잇기

실을 떠 올려서

안쪽에 20mm
단추를 단다

㉒
단

7
8.5
9.5
10.5

고리
끈

단추 고리
사슬코(7코)
5/0호 코바늘
회색 1가닥

토글
단추

메리야스뜨기로
잇기

66
단
(70
단)
(70
단) (74
단)

안쪽으로 접어서
회색 1가닥으로 휘갑치기

실을 떠 올려서 잇기

회색과 회갈색 1가닥씩
겹쳐서 휘갑치기

▨ = S사이즈
박스 없음 = M사이즈, 공통
별색 글자 = L사이즈
= LL사이즈

03 배색무늬 요크 풀오버

page << P10

재료
다루마 셰틀랜드 울
실의 색상명, 색번호, 사용량은 하단의 표를 참조하세요.

도구
대바늘 6호, 4호

완성 치수 (단위는 cm)

	가슴둘레	총길이	화장
S	97	56	73
M	105	58.5	76
L	113	61.5	79
LL	121	64.5	82.5

게이지
10cm×10cm 배색무늬뜨기 22코 26단, 메리야스뜨기 20코 28단

Point
● 목둘레단은 손가락에 걸어서 만드는 시작코로 뜨기 시작하며 1코고무뜨기를 원통으로 뜹니다. 계속해서 요크는 도안을 참조하여 분산 코늘리기를 해가며 배색무늬뜨기합니다. 배색무늬는 실을 가로로 걸치는 방법(가로 배색무늬뜨기)으로 뜹니다. 몸판은 앞뒤 단차를 주기 위해 뒤판에 10단을 왕복해서 뜹니다. 겨드랑이 부분은 앞뒤를 이어서 뜨며 감아코로 코를 만들고 요크에서는 지정한 콧수만큼 코를 주워서 메리야스뜨기를 원통으로 뜹니다. 계속해서 1코고무뜨기하는데 1단에서 걸기코, 다음 단에서 돌려뜨기로 코를 늘립니다. 뜨개 끝부분은 겉코는 겉뜨기, 안코는 안뜨기로 덮어씌워 코막음합니다. 소매는 요크의 쉼코와 겨드랑이 부분의 코와 앞뒤 단차 부분에서 코를 주워서 몸판과 같은 요령으로 뜹니다. 소매 옆선의 코줄이기는 도안을 참조합니다.

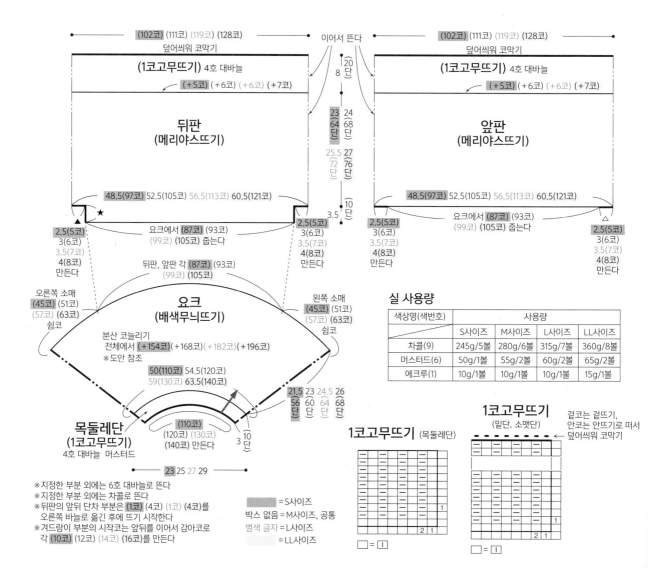

실 사용량

색상명(색번호)	사용량			
	S사이즈	M사이즈	L사이즈	LL사이즈
차콜(9)	245g/5볼	280g/6볼	315g/7볼	360g/8볼
머스터드(6)	50g/1볼	55g/2볼	60g/2볼	65g/2볼
에크루(1)	10g/1볼	10g/1볼	10g/1볼	15g/1볼

※지정한 부분 외에는 6호 대바늘로 뜬다
※지정한 부분 외에는 차콜로 뜬다
※뒤판의 앞뒤 단차 부분은 (1코) (4코) (1코) (4코)를 오른쪽 바늘로 옮긴 후에 뜨기 시작한다
※겨드랑이 부분의 시작코는 앞뒤를 이어서 감아코로 각 (10코) (12코) (14코) (16코)를 만든다

= S사이즈
박스 없음 = M사이즈, 공통
별색 글자 = L사이즈
= LL사이즈

배색무늬뜨기와 요크의 분산 코늘리기

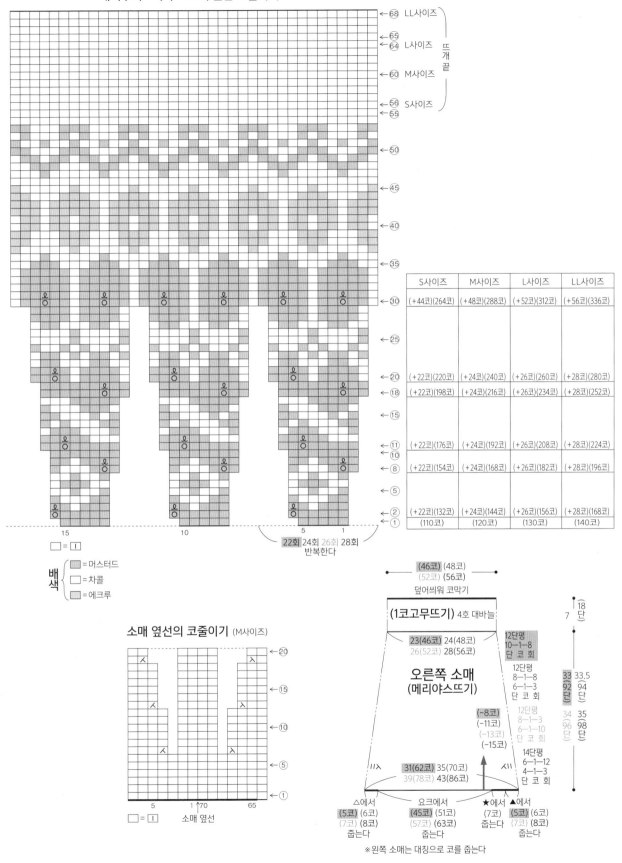

← 68 LL사이즈 ┐
← 65
← 64 L사이즈
← 60 M사이즈 뜨개끝
← 56 S사이즈 ┘
← 55
← 50
← 45
← 40
← 35
← 30
← 25
← 20
← 18
← 15
← 11
← 10
← 8
← 5
← 2
← 1

	S사이즈	M사이즈	L사이즈	LL사이즈
← 30	(+44코)(264코)	(+48코)(288코)	(+52코)(312코)	(+56코)(336코)
← 20	(+22코)(220코)	(+24코)(240코)	(+26코)(260코)	(+28코)(280코)
← 18	(+22코)(198코)	(+24코)(216코)	(+26코)(234코)	(+28코)(252코)
← 11	(+22코)(176코)	(+24코)(192코)	(+26코)(208코)	(+28코)(224코)
← 8	(+22코)(154코)	(+24코)(168코)	(+26코)(182코)	(+28코)(196코)
← 2	(+22코)(132코)	(+24코)(144코)	(+26코)(156코)	(+28코)(168코)
← 1	(110코)	(120코)	(130코)	(140코)

15   10   5   1
22회 24회 26회 28회 반복한다

□ = |

배색 {
■ = 머스터드
□ = 차콜
▨ = 에크루
}

소매 옆선의 코줄이기 (M사이즈)

← 20
← 15
← 10
← 5
← 1

5   1 ↑70   65

□ = | 소매 옆선

(46코) (48코)
(52코) (56코)
덮어씌워 코막기

(1코고무뜨기) 4호 대바늘

7 (18단)

23(46코) 24(48코)
26(52코) 28(56코)

12단평
10→1→8
단 코 회

12단평
8-1-8
6-1-3
단 코 회

오른쪽 소매
(메리야스뜨기)

33 33.5
92 94
단 단

34 35
96 98
단 단

(-8코)
(-11코)
(-13코)
(-15코)

12단평
8-1-3
6-1-10
단 코 회

31(62코) 35(70코)
39(78코) 43(86코)

14단평
6-1-12
4-1-3
단 코 회

△에서   요크에서   ★에서   ▲에서
(5코) (6코)   (45코) 51코   (7코)   (5코) (6코)
(7코) (8코)   (57코) (63코) 줍는다   (7코) (8코)
줍는다   줍는다   줍는다

※왼쪽 소매는 대칭으로 코를 줍는다

51

04 레이스무늬 틸든 베스트

page << P 12

재료
다루마 랑부예 메리노울
실의 색상명, 색번호, 사용량은 하단의 표를 참조하세요.

도구
대바늘 6호, 4호

완성 치수(단위는 cm)

	총길이	화장
S	62.5	35
M	62.5	37.5
L	66.5	42.5
LL	66.5	45

게이지
10cm×10cm 무늬뜨기 23.5코 35단

Point
● 몸판 … 손가락에 걸어서 만드는 시작코로 뜨기 시작하며 1코고무뜨기 줄무늬A, 무늬뜨기로 뜹니다. 증감하는 코는 도안을 참조해서 뜹니다. 뜨개 끝부분은 쉼코로 둡니다.

● 마무리 … 어깨는 빼뜨기로 잇고 옆선은 실을 떠올려서 잇습니다. 목둘레단과 소맷단은 지정한 콧수만큼 코를 주워서 1코고무뜨기 줄무늬B를 원통으로 뜹니다. 뜨개 끝부분은 1코고무뜨기로 코막음합니다. 무늬뜨기 부분은 뜨개바탕이 줄어들기 때문에 완성 치수로 늘려서 스팀다리미로 다림질합니다.

실 사용량

색상명(색번호)	S사이즈	M사이즈	L사이즈	LL사이즈
베이지(2)	330g/7볼	350g/7볼	440g/9볼	460g/10볼
블랙(6)	25g/1볼	25g/1볼	25g/1볼	30g/1볼

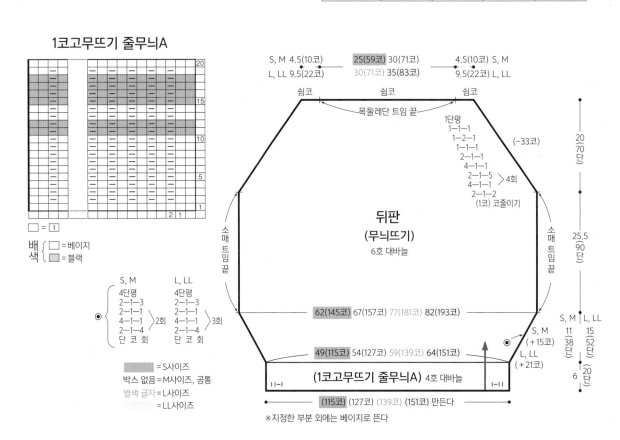

1코고무뜨기 줄무늬A

□ = ￨

배색
□ = 베이지
▨ = 블랙

S, M
4단평
2-1-3
2-1-1
4-1-1
2-1-4
단 코 회 }2회

L, LL
4단평
2-1-3
2-1-1
4-1-1
2-1-4
단 코 회 }3회

▨ = S사이즈
박스 없음 = M사이즈, 공통
별색 글자 = L사이즈
= LL사이즈

S, M 4.5(10코)   25(59코) 30(71코)   4.5(10코) S, M
L, LL 9.5(22코)   30(71코) 35(83코)   9.5(22코) L, LL

쉼코   쉼코   쉼코
목둘레단 트임 끝

1단평
1-1-1
1-2-1
1-1-1
2-1-1
4-1-1
2-1-5 }4회
4-1-1
2-1-2
(1코) 코줄이기

(-33코)

뒤판
(무늬뜨기)
6호 대바늘

소매 트임 끝

소매 트임 끝

62(145코) 67(157코) 77(181코) 82(193코)

S, M (+15코)
L, LL (+21코)

49(115코) 54(127코) 59(139코) 64(151코)

(1코고무뜨기 줄무늬A) 4호 대바늘

(115코) (127코) (139코) (151코) 만든다

20(70단)

25.5(90단)

S, M | L, LL
11(38단) | 15(52단)
6(20단)

※지정한 부분 외에는 베이지로 뜬다

무늬뜨기

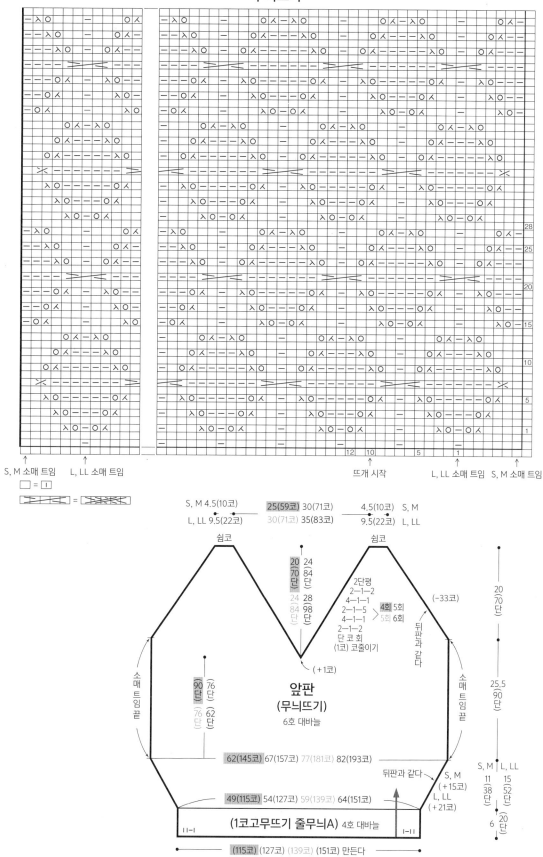

왼쪽 앞판 어깨의 코줄이기 (L, LL사이즈)

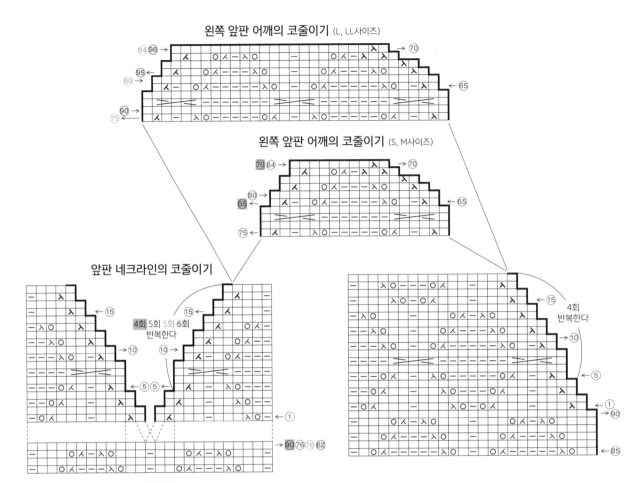

왼쪽 앞판 어깨의 코줄이기 (S, M사이즈)

앞판 네크라인의 코줄이기

□ = ① ╳╳ = ╳╳╳╳
※중심의 코에서는 좌우 1코씩 코를 줍는다

옆선의 코늘리기 (S, M사이즈) ※L, LL사이즈도 같은 요령으로 뜬다

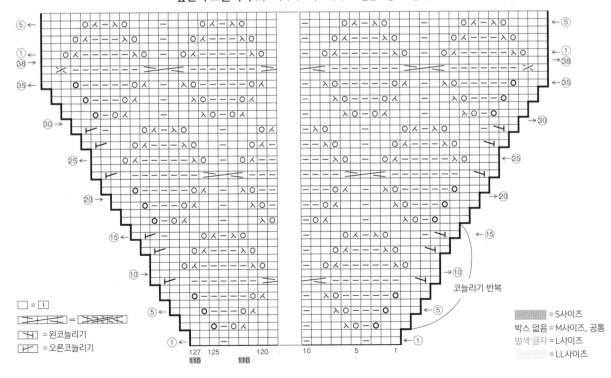

□ = ①
╳╳ = ╳╳╳╳
└┤ = 왼코늘리기
├┘ = 오른코늘리기

127 125 120
115 **110**
10 5 1

코늘리기 반복

█ = S사이즈
박스 없음 = M사이즈, 공통
별색 글자 = L사이즈
░ = LL사이즈

목둘레단, 소맷단 (1코고무뜨기 줄무늬B)
4호 대바늘

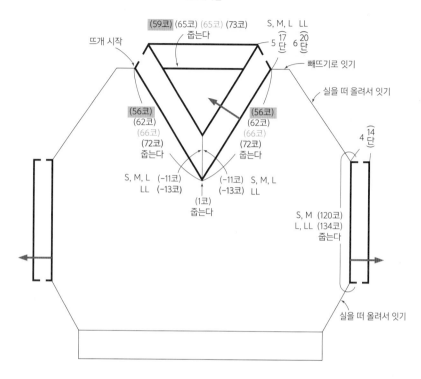

뜨개 시작

(59코) (65코) (65코) (73코)
줄는다

S, M, L LL
5 (17) 6 (20)
단   단

빼뜨기로 잇기

실을 떠 올려서 잇기

(56코)
(62코)
(66코)
(72코)
줄는다

(56코)
(62코)
(66코)
(72코)
줄는다

4 (14)
단

S, M, L (−11코)
LL   (−13코)

(−11코) S, M, L
(−13코) LL

(1코)
줄는다

S, M (120코)
L, LL (134코)
줄는다

실을 떠 올려서 잇기

V넥 중심부분의 코줄이기

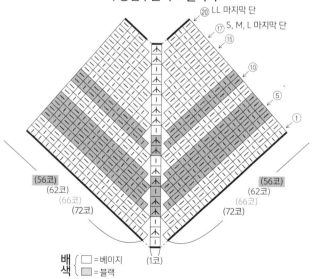

20 LL 마지막 단
17 S, M, L 마지막 단
15
10
5
1

(56코)
(62코)
(66코)
(72코)

(56코)
(62코)
(66코)
(72코)

(1코)

배색 { □ = 베이지
      ▨ = 블랙

1코고무뜨기 줄무늬B

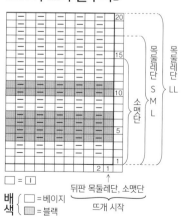

20
15
10
5
1
2 1

목둘레단 S M L

목둘레단 LL

소맷단

뒤판 목둘레단, 소맷단
뜨개 시작

□ = |

배색 { □ = 베이지
      ▨ = 블랙

05

아란무늬 스퀘어 베스트

page << P 14

재료
퍼피 브리티시 에로이카 파란색(198)
[S] 470g/10볼
[M] 500g/10볼
[L] 560g/12볼
[LL] 590g/12볼

도구
대바늘 9호, 7호. 코바늘 7/0호.

완성 치수 (단위는 ㎝)

	총길이	화장
S	63	24
M	63	25.5
L	67	27
LL	67	28.5

게이지
10㎝×10㎝ 무늬뜨기C 20코 22.5단, 무늬뜨기D 20.5코 22.5단

Point
● 몸판 … 손가락에 걸어서 만드는 시작코로 뜨기 시작하며 1코고무뜨기, 무늬뜨기A, B, C, D, A'로 뜹니다. 네크라인의 코줄이기는 끝부분의 1코를 세워서 코를 줄입니다.

● 마무리 … 어깨는 빼뜨기로 잇습니다. 목둘레단은 지정한 콧수만큼 코를 주워서 1코고무뜨기를 원통으로 뜹니다. 뜨개 끝부분은 1코고무뜨기로 코막음합니다. 옆선은 앞뒤의 옆면에서 코를 주워서 1코고무뜨기합니다. 뜨개 끝부분은 목둘레단과 같은 방법으로 뜹니다. 끈을 떠서 지정한 위치에 꿰매 답니다.

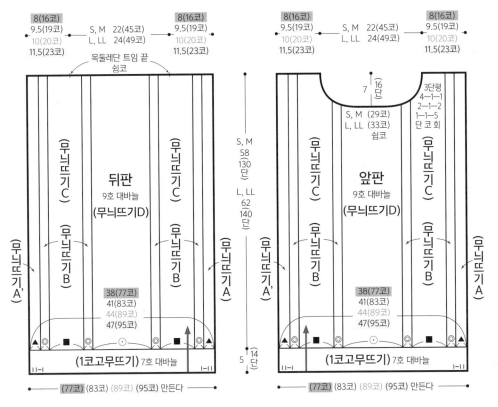

56

무늬뜨기C

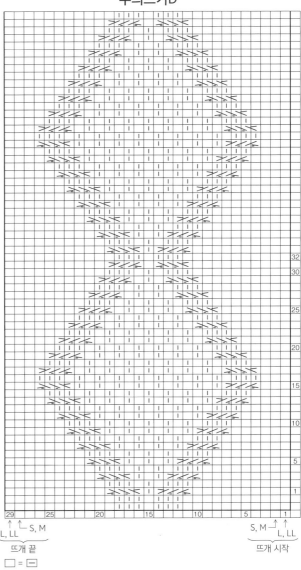

무늬뜨기D

16
15

10

5

1

17 15 10 5 1

L, LL ← →S, M   S, M← →L, LL

뜨개 끝   뜨개 시작

□ = □

32
30

25

20

15

10

5

1

29 25 20 15 10 5 1

L, LL ← →S, M   S, M← →L, LL

뜨개 끝   뜨개 시작

□ = □

목둘레단 (1코고무뜨기) 7호 대바늘
S, M (45코) L, LL (49코) 줍는다

11 26단

(1코) 줍는다

(53코) (57코)
(57코) (61코)
줍는다

66단에서 (44코) 줍는다

옆선 (1코고무뜨기)
7호 대바늘
※전체에서 S, M은 (205코)
L, LL은 (221코) 줍는다

L, LL   S, M
88단에서   78단에서
(66코)   (58코)
줍는다   줍는다

끈 다는 위치

※뒤판과 같은 위치에 단다

끈 다는 위치

20

5 14단

□ = □

무늬뜨기B

2
1

4 3 2 1

□ = □

무늬뜨기A'

2
1

8 5 1

LL   M, L   S

□ = □ 뜨개 끝

무늬뜨기A

2
1

8 5 1

S   M, L   LL

□ = □ 뜨개 시작

끈 (이중 사슬뜨기) (공통)
7/0호 코바늘 4줄

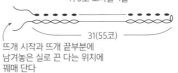

31(55코)

뜨개 시작과 뜨개 끝부분에
남겨놓은 실로 끈 다는 위치에
꿰매 단다

1코고무뜨기

2
1

2 1

목둘레단

뒤판, 앞판, 옆선

뜨개 시작

□ = □

57

06

아가일 소매 카디건　　　*page* << P 16

재료

이사게르 메릴린
실의 색상명, 색번호, 사용량은 하단의 표를 참조하세요.
지름 18㎜ 단추 2개

도구

대바늘 8호, 7호. 코바늘 7/0호.

완성 치수 (단위는 ㎝)

	가슴둘레	총길이	화장
S	100	52.5	70.5
M	106	54	72.5
L	112	55.5	75.5
LL	118	57	77.5

게이지

10㎝×10㎝ 메리야스뜨기, 배색무늬뜨기 모두 19코 26단

Point

● 몸판, 소매 … 전부 지정한 실 2가닥으로 뜹니다. 몸판은 손가락에 걸어서 만드는 시작코로 뜨기 시작하며 2코고무뜨기와 메리야스뜨기로 뜹니다. 래글런선과 앞판 네크라인의 코줄이기 부분은 도안을 참조합니다. 뜨개 끝부분은 덮어씌워 코막음합니다. 소매는 몸판과 같은 요령으로 뜨기 시작하며 2코고무뜨기와 메리야스뜨기, 배색무늬뜨기로 뜹니다. 배색무늬뜨기는 실을 세로로 걸치는 방법(세로 배색무늬뜨기)으로 뜹니다. 뜨개 끝부분은 덮어씌워 코막음합니다.

● 마무리 … 래글런선, 옆선, 소매 옆선은 실 1가닥으로 실을 떠 올려서 잇습니다. 앞여밈단과 목둘레단은 지정한 콧수만큼 코를 주워서 2코고무뜨기합니다. 뜨개 끝부분은 겉코는 겉뜨기, 안코는 안뜨기로 떠서 덮어씌워 코막음합니다. 앞여밈용 벨트는 코바늘로 코를 떠서 만드는 시작코로 뜨기 시작하며 1코고무뜨기하고 지정한 위치에 단춧구멍을 만듭니다. 뜨개 끝부분은 앞여밈단, 목둘레단과 같은 요령으로 뜨는데 양끝의 2코를 한 번에 덮어씌워 코막음합니다. 벨트를 걸칠 수 있게 단추를 달아 완성합니다.

실 사용량

색상명(색번호)	S사이즈	M사이즈	L사이즈	LL사이즈
검은색(30)	435g/9볼	475g/10볼	520g/11볼	565g/12볼
에크루(0)	30g/1볼	30g/1볼	35g/1볼	35g/1볼
회색(3s)	20g/1볼	20g/1볼	25g/1볼	25g/1볼

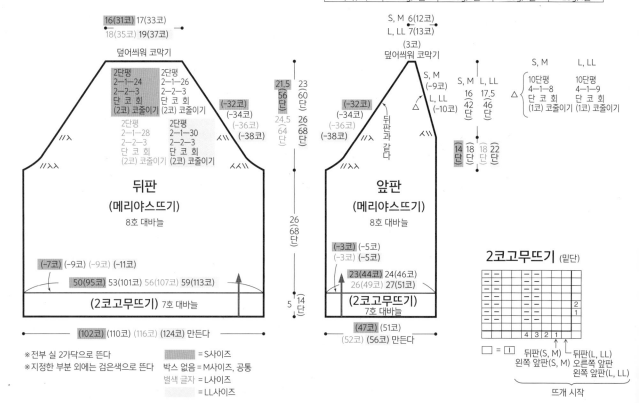

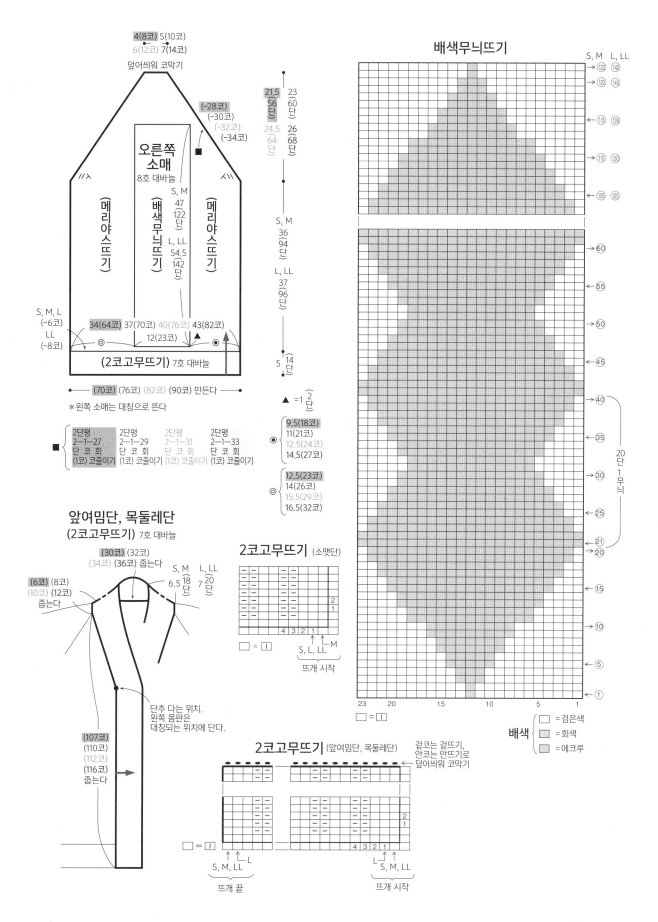

4(8코) 5(10코)
6(12코) 7(14코)

덮어씌워 코막기

오른쪽
소매
8호 대바늘

(-28코)
(-30코)
(-32코)
(-34코)

(메리야스뜨기)

(배색무늬뜨기)

(메리야스뜨기)

S, M
47
(122단)
L, LL
54.5
(142단)

■

S, M, L
(-6코)
LL
(-8코)

34(64코) 37(70코) 40(76코) 43(82코)
12(23코)

▲

◎

●

(2코고무뜨기) 7호 대바늘

(70코) (76코) (82코) (90코) 만든다

※왼쪽 소매는 대칭으로 뜬다

2단평
2-1-27
단 코 회
(1코) 코줄이기

2단평
2-1-29
단 코 회
(1코) 코줄이기

2단평
2-1-31
단 코 회
(1코) 코줄이기

2단평
2-1-33
단 코 회
(1코) 코줄이기

■

21.5   23
56   (60
단)   단)
24.5   26
64   (68
단)   단)

S, M
36
(94단)
L, LL
37
(96단)

5   14
단

▲ = 1 2단

◎

9.5(18코)
11(21코)
12.5(24코)
14.5(27코)

◎

12.5(23코)
14(26코)
15.5(29코)
16.5(32코)

배색무늬뜨기

S, M L, LL
122 142
120 140
115 135
110 130
105 125

60
55
50
45
40
35
30
25
21
20
15
10
5
1

20단 1무늬

23 20   15   10   5   1

□ = ▯

앞여밈단, 목둘레단
(2코고무뜨기) 7호 대바늘

(30코) (32코)
(34코) (36코) 줍는다

S, M   L, LL
6.5   7
18   20
단   단

(6코) (8코)
(10코) (12코)
줍는다

단추 다는 위치.
왼쪽 몸판은
대칭되는 위치에 단다.

(107코)
(110코)
(112코)
(116코)
줍는다

2코고무뜨기 (소맷단)

2
1

□ = ▯

4 3 2 1
↑   ↑
S, L, LL M

뜨개 시작

배색
□ = 검은색
= 회색
= 에크루

2코고무뜨기 (앞여밈단, 목둘레단)

겉코는 겉뜨기,
안코는 안뜨기로
← 덮어씌워 코막기

2
1

□ = ▯

↑   ↑
S, M, LL L

뜨개 끝

4 3 2 1
↑   ↑
S, M, LL L

뜨개 시작

래글런선과 네크라인의 코줄이기
(M사이즈 오른쪽 앞판)

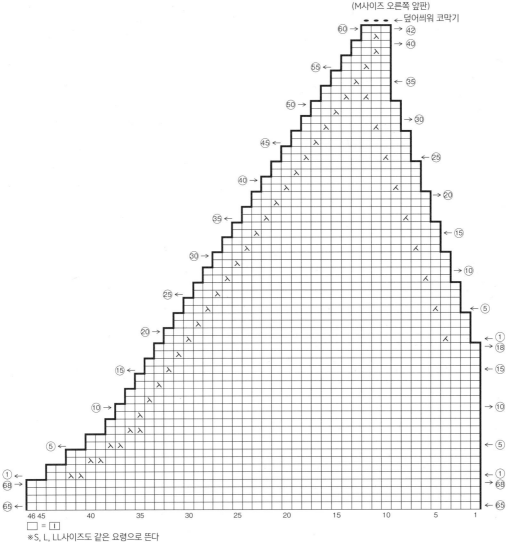

□ = ☐
※S, L, LL사이즈도 같은 요령으로 뜬다

벨트
(1코고무뜨기) 7호 대바늘

덮어씌워 코막기

※단춧구멍(↑단)
도안 참조

	S, M	L, LL
	9.5	10.5
	(26 단)	(28 단)

3
(9코)
만든다

단춧구멍
(벨트)

겉코는 겉뜨기,
안코는 안뜨기로
덮어씌워 코막기

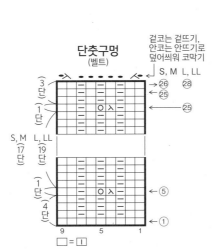

□ = ☐

래글런선과 네크라인의 코줄이기
(M사이즈 왼쪽 앞판)

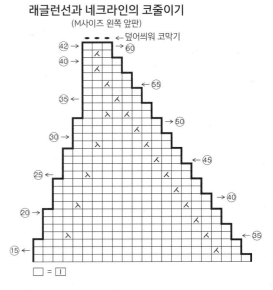

□ = ☐

60

08

헤링본무늬와 격자무늬 롱스커트

page << P 20

재료
이사게르 트위드 녹색(모스)
[S사이즈] 315g/7타래 [M사이즈] 350g/7타래
[L사이즈] 385g/8타래 [LL사이즈] 420g/9타래
폭 20mm 고무벨트
[S사이즈] 60㎝ [M사이즈] 66㎝
[L사이즈] 72㎝ [LL사이즈] 78㎝

도구
대바늘 5호, 3호

완성 치수(단위는 ㎝)

	허리둘레	스커트길이
S	80	72
M	85	73.5
L	90	76.5
LL	95	78

게이지
10㎝×10㎝ 1코고무뜨기 24코 38단, 무늬뜨기A 25코 36단, 무늬뜨기B 23코 34단

Point
● 손가락에 걸어서 만드는 시작코로 느슨하게 뜨기 시작하며 메리야스뜨기와 1코고무뜨기를 원통으로 뜹니다. 계속해서 무늬뜨기A, B와 가터뜨기로 뜹니다. 분산 코늘리기 부분은 도안을 참조합니다.
뜨개 끝부분은 덮어씌워 코막음합니다. 벨트는 고리 모양으로 만든 고무벨트가 뜨개바탕 사이에 끼워지도록 안쪽으로 접고 메리야스뜨기의 마지막 단과 메리야스뜨기로 잇습니다.

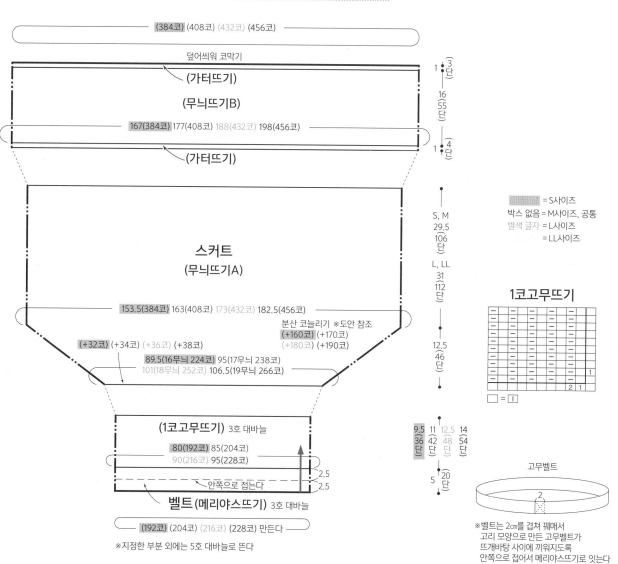

※지정한 부분 외에는 5호 대바늘로 뜬다

※벨트는 2㎝를 겹쳐 꿰매서
고리 모양으로 만든 고무벨트가
뜨개바탕 사이에 끼워지도록
안쪽으로 접어서 메리야스뜨기로 잇는다

무늬뜨기A의 분산 코늘리기

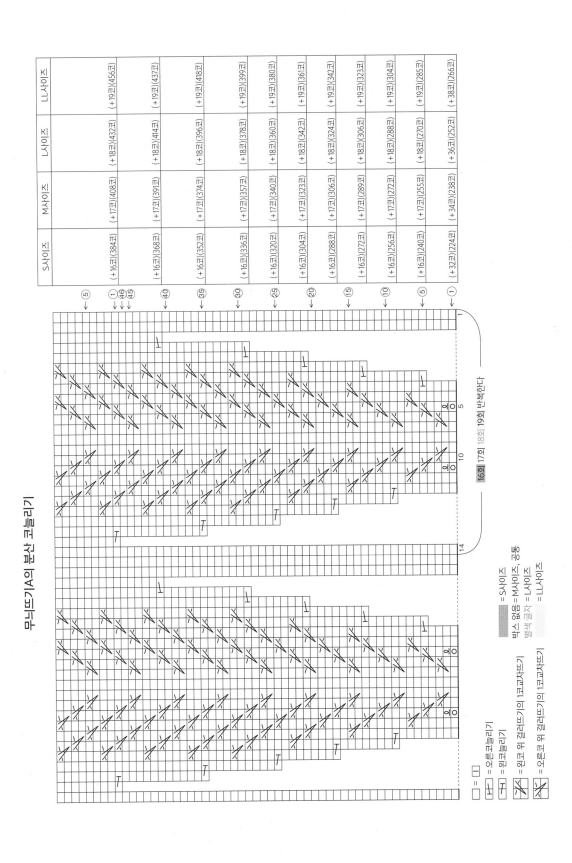

	S사이즈	M사이즈	L사이즈	LL사이즈
⑤				
① / 46 / 45	(+16코)(384코)	(+17코)(408코)	(+18코)(432코)	(+19코)(456코)
	(+16코)(368코)	(+17코)(391코)	(+18코)(414코)	(+19코)(437코)
40	(+16코)(352코)	(+17코)(374코)	(+18코)(396코)	(+19코)(418코)
35	(+16코)(336코)	(+17코)(357코)	(+18코)(378코)	(+19코)(399코)
30	(+16코)(320코)	(+17코)(340코)	(+18코)(360코)	(+19코)(380코)
25	(+16코)(304코)	(+17코)(323코)	(+18코)(342코)	(+19코)(361코)
20	(+16코)(288코)	(+17코)(306코)	(+18코)(324코)	(+19코)(342코)
15	(+16코)(272코)	(+17코)(289코)	(+18코)(306코)	(+19코)(323코)
10	(+16코)(256코)	(+17코)(272코)	(+18코)(288코)	(+19코)(304코)
5	(+16코)(240코)	(+17코)(255코)	(+18코)(270코)	(+19코)(285코)
1	(+32코)(224코)	(+34코)(238코)	(+36코)(252코)	(+38코)(266코)

16호 17호 18호 19호 반복한다

□ = 1코
├ = 오른코늘리기
┤ = 왼코늘리기
= 왼코 위 걸러뜨기의 1코교차뜨기
= 오른코 위 걸러뜨기의 1코교차뜨기

박스 없음 = S사이즈
별색 굵음 = M사이즈, 공통
별색 글자 = L사이즈
박스 = LL사이즈

62

무늬뜨기A (기본)

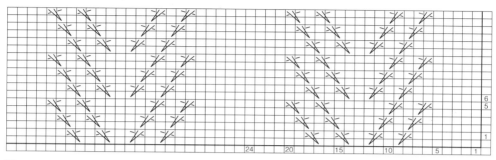

□ = □

= 왼코 위 걸러뜨기의 1코교차뜨기

= 오른코 위 걸러뜨기의 1코교차뜨기

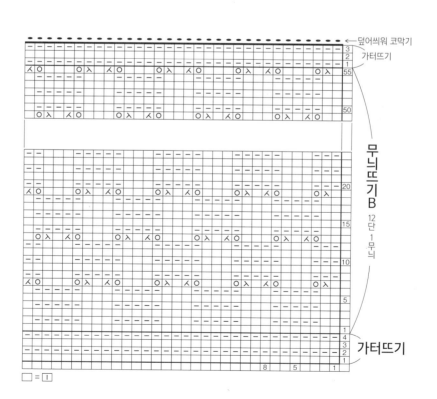

← 덮어씌워 코막기
가터뜨기

무늬뜨기B

12단 1무늬

가터뜨기

□ = □

07 풍성한 플레어 풀오버

page << P18

재료
NV얀 모헤어 연갈색(109)
[S사이즈] 120g/6볼
[M사이즈] 130g/7볼
[L사이즈] 140g/7볼
[LL사이즈] 155g/8볼

도구
대바늘 5호, 3호. 코바늘 3/0호.

완성 치수(단위는 ㎝)

	가슴둘레	총길이	화장
S	127	54	55.5
M	134	54.5	56
L	141	57	58.5
LL	148	59	59.5

게이지
10㎝×10㎝ 무늬뜨기 20코 32단, 메리야스뜨기 23코 32단

Point
● 손가락에 걸어서 만드는 시작코로 뜨기 시작하며 목둘레단은 1코고무뜨기를 원통으로 뜹니다. 계속해서 요크를 무늬뜨기와 메리야스뜨기로 뜹니다. 분산 코늘리기 부분은 도안을 참조합니다. 앞뒤 단차를 주기 위해 뒤판에 16단을 왕복해서 뜹니다. 뒤판과 앞판은 요크에서 지정한 콧수만큼 코를 줍고 겨드랑이 부분은 앞뒤를 이어서 뜨며 감아코로 코를 만들고 메리야스뜨기를 원통으로 뜹니다. 계속해서 밑단은 가터뜨기합니다. 뜨개 끝부분은 덮어씌워 코막음합니다. 소매는 앞뒤 단차 부분과 요크의 쉼코와 겨드랑이 부분에서 코를 주워서 뒤판, 앞판과 같은 요령으로 뜹니다.

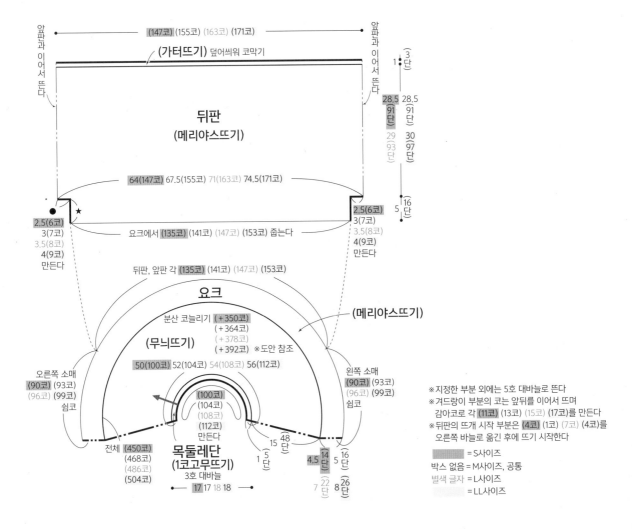

64

무늬뜨기 (공통)

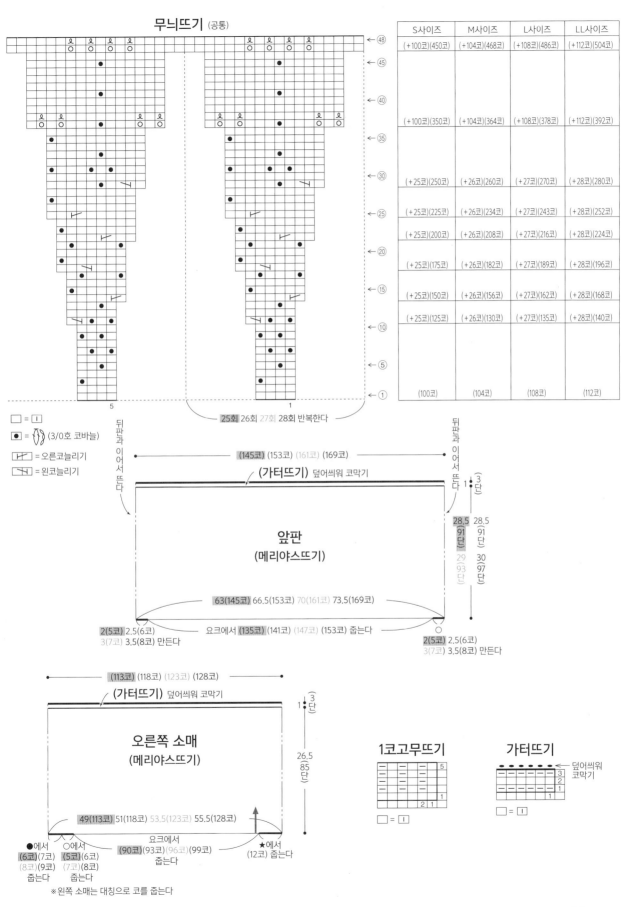

	S사이즈	M사이즈	L사이즈	LL사이즈
←48	(+100코)(450코)	(+104코)(468코)	(+108코)(486코)	(+112코)(504코)
←45				
←40				
←35	(+100코)(350코)	(+104코)(364코)	(+108코)(378코)	(+112코)(392코)
←30	(+25코)(250코)	(+26코)(260코)	(+27코)(270코)	(+28코)(280코)
←25	(+25코)(225코)	(+26코)(234코)	(+27코)(243코)	(+28코)(252코)
←20	(+25코)(200코)	(+26코)(208코)	(+27코)(216코)	(+28코)(224코)
←15	(+25코)(175코)	(+26코)(182코)	(+27코)(189코)	(+28코)(196코)
	(+25코)(150코)	(+26코)(156코)	(+27코)(162코)	(+28코)(168코)
←10	(+25코)(125코)	(+26코)(130코)	(+27코)(135코)	(+28코)(140코)
←5				
←1	(100코)	(104코)	(108코)	(112코)

5   1

25회 26회 27회 28회 반복한다

□ = ᵢ
● = ⑂ (3/0호 코바늘)
⊢ = 오른코늘리기
⊣ = 왼코늘리기

(145코) (153코) (161코) (169코)

뒤판과 이어서 뜨다

(가터뜨기) 덮어씌워 코막기

1 (3)단

앞판
(메리야스뜨기)

28.5 28.5
91 91
단 단
29 30
93 97
단 단

63(145코) 66.5(153코) 70(161코) 73.5(169코)

2(5코) 2.5(6코)
3(7코) 3.5(8코) 만든다

요크에서 (135코) (141코) (147코) (153코) 줍는다

2(5코) 2.5(6코)
3(7코) 3.5(8코) 만든다

(113코) (118코) (123코) (128코)

(가터뜨기) 덮어씌워 코막기

1 (3)단

오른쪽 소매
(메리야스뜨기)

26.5
85
단

49(113코) 51(118코) 53.5(123코) 55.5(128코)

●에서 ○에서
(6코)(7코) (5코)(6코)
(8코)(9코) (7코)(8코)
줍는다 줍는다

요크에서
(90코)(93코)(96코)(99코)
줍는다

★에서
(12코) 줍는다

※왼쪽 소매는 대칭으로 코를 줍는다

1코고무뜨기

가터뜨기

덮어씌워
코막기

□ = ᵢ

□ = ᵢ

65

09

양쪽 소매의 무늬가 다른 풀오버

page << P 22

재료

이토이토 브루클린 W
실의 색상명, 색번호, 사용량은 하단의 표를 참조하세요.

도구

대바늘 5호, 3호

완성 치수 (단위는 ㎝)

	가슴둘레	총길이	화장
S	95	56.5	69.5
M	102	59	72
L	110	62.5	75.5
LL	117	65.5	79

게이지

10㎝×10㎝ 메리야스뜨기 22코 30단, 배색무늬뜨기A, B 23코 27단

Point

● 몸판, 소매, 요크 … 뒤판과 앞판은 손가락에 걸어서 만드는 시작코로 뜨기 시작하며 앞뒤를 이어서 1코고무뜨기와 메리야스뜨기를 원통으로 뜹니다. 뒤판은 앞뒤 단차 12단을 왕복해서 뜹니다. 소매는 같은 요령으로 뜨기 시작하며 오른쪽 소매는 메리야스뜨기와 배색무늬뜨기A, 왼쪽 소매는 메리야스뜨기와 배색무늬뜨기B를 원통으로 뜹니다. 배색무늬뜨기는 실을 가로로 걸치는 방법(가로 배색무늬뜨기)으로 뜹니다. 소매 옆선의 코늘리기는 도안을 참조합니다. 요크는 몸판과 소매에서 코를 주워서 메리야스뜨기하고 계속해서 목둘레단을 1코고무뜨기합니다. 뜨개 끝부분은 1코고무뜨기로 코막음합니다.

● 마무리 … 표시점끼리는 메리야스뜨기로 잇기, 또는 코와 단 잇기로 연결합니다.

실 사용량

색상명(색번호)	사용량			
	S사이즈	M사이즈	L사이즈	LL사이즈
하늘색(24)	225g/5볼	255g/6볼	285g/6볼	310g/7볼
차콜(33)	10g/1볼	10g/1볼	10g/1볼	10g/1볼
갈색(25)	10g/1볼	10g/1볼	10g/1볼	10g/1볼

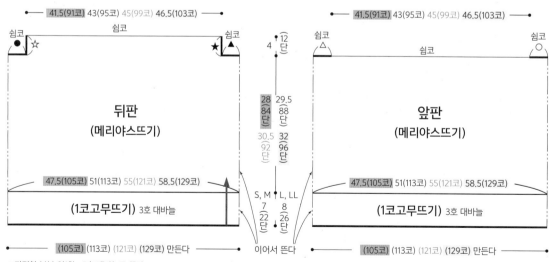

※ 지정한 부분 외에는 5호 대바늘로 뜬다
※ 지정한 부분 외에는 하늘색으로 뜬다
※ ★, ☆ 끼리는 코와 단 잇기
※ ▲, △, ●, ○끼리는 메리야스뜨기로 잇기

▨ = S사이즈
박스 없음 = M사이즈, 공통
별색 글자 = L사이즈
▨ = LL사이즈

▲, △, ●, ○ = 3(7코) 4(9코) 5(11코) 6(13코)

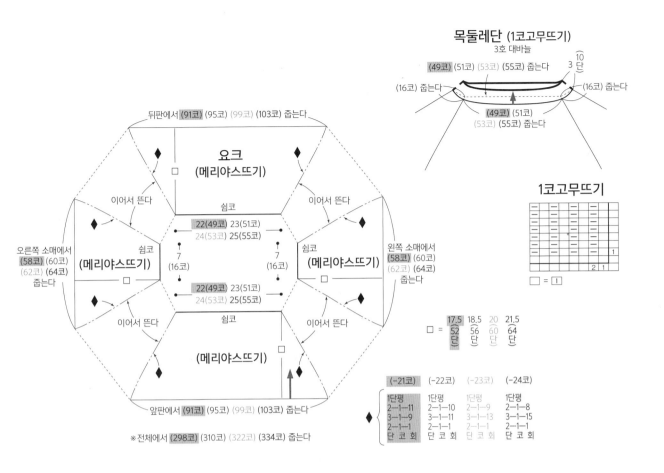

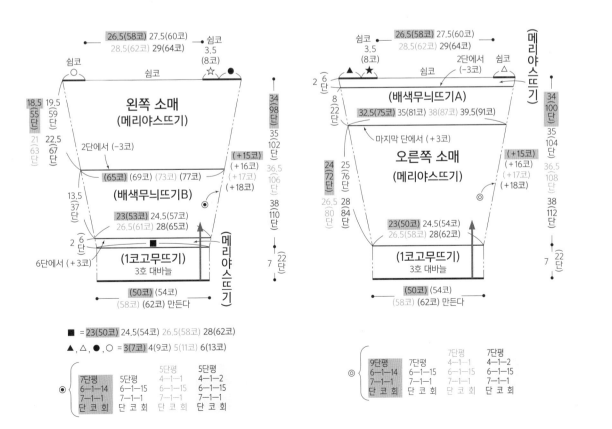

소매 옆선의 코늘리기 (오른쪽 소매 M사이즈)

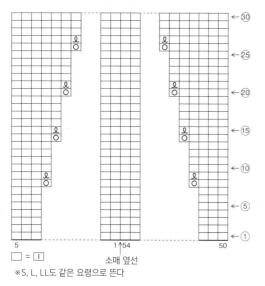

□ = I

5   1↑54   50

소매 옆선

※S, L, LL도 같은 요령으로 뜬다

배색무늬뜨기A

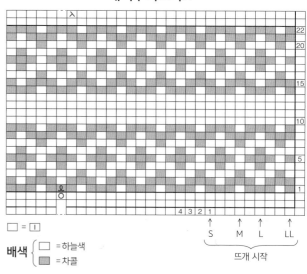

□ = I

배색 { □ =하늘색
       ■ =차콜 }

뜨개 시작

S M L LL

배색무늬뜨기B

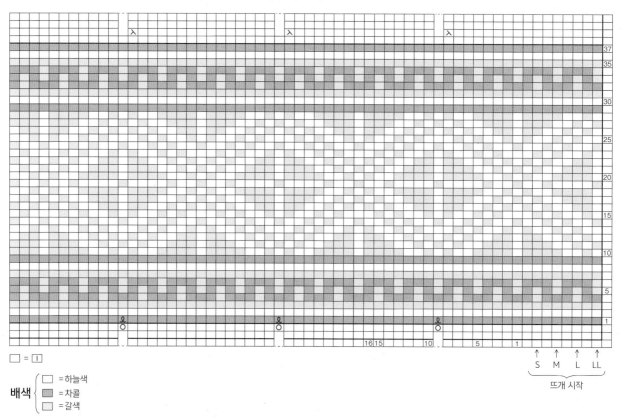

□ = I

배색 { □ =하늘색
       ■ =차콜
       ▨ =갈색 }

뜨개 시작

S M L LL

배색무늬뜨기A 위치의 코늘리기

(S사이즈)

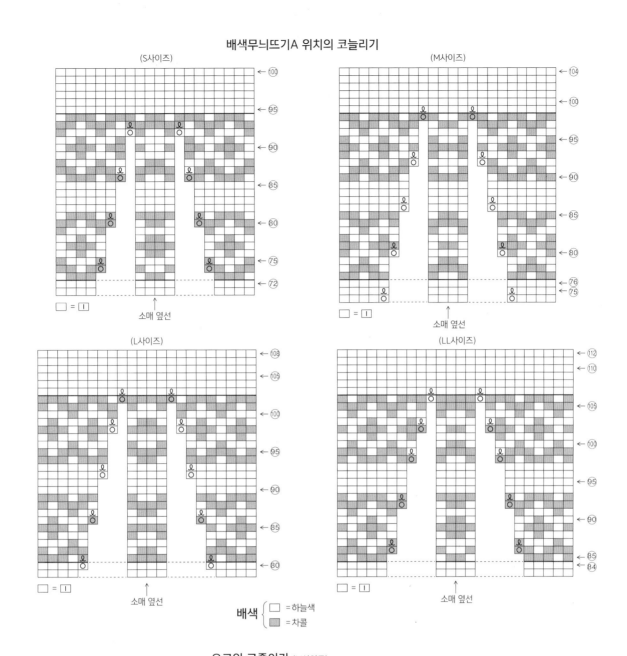

(M사이즈)

□ = □

↑
소매 옆선

(L사이즈)

(LL사이즈)

□ = □

↑
소매 옆선

□ = □

↑
소매 옆선

배색 { □ =하늘색
      ■ =차콜

요크의 코줄이기 (M사이즈)

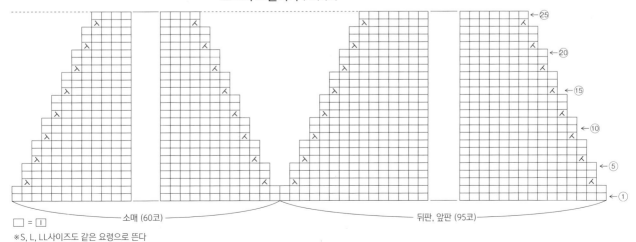

□ = □

└─ 소매 (60코) ─┘   └─ 뒤판, 앞판 (95코) ─┘

※S, L, LL사이즈도 같은 요령으로 뜬다

배색무늬뜨기B 위치의 코늘리기

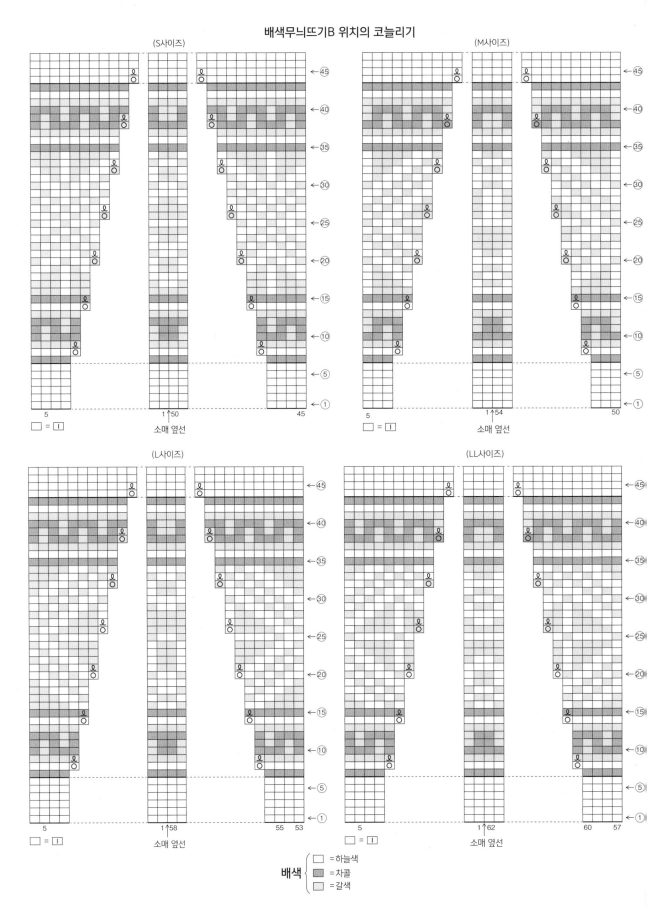

(S사이즈)

□ = □

1↑50

소매 옆선

(M사이즈)

□ = □

1↑54

소매 옆선

(L사이즈)

□ = □

1↑58

소매 옆선

(LL사이즈)

□ = □

1↑62

소매 옆선

배색 { □ =하늘색
      ■ =차콜
      ▨ =갈색 }

11

베리버블무늬 카디건

page << P 26

재료
다루마 울 탐 메리골드(2)
[S사이즈] 440g/9볼
[M사이즈] 480g/10볼
[L사이즈] 545g/11볼
[LL사이즈] 595g/12볼

도구
대바늘 14호

완성 치수(단위는 cm)

	총길이
S	68.5
M	71
L	77.5
LL	83

게이지
10cm×10cm 무늬뜨기 16코 16단

Point
● 몸판, 소매 … 몸판은 손가락에 걸어서 만드는 시작코로 느슨하게 뜨기 시작하며 무늬뜨기로 뜹니다. 콧수 증감은 도안을 참조합니다. 뜨개 끝부분은 쉼코로 뜹니다. 소매는 몸판에서 코를 주워 무늬뜨기와 1코고무뜨기로 뜹니다. 뜨개 끝부분은 겉코는 겉뜨기, 안코는 안뜨기로 덮어씌워 코막음합니다.

● 마무리 … 소매 옆선, ☆, ★끼리는 실을 떠 올려서 잇습니다. 밑단, 앞여밈단, 목둘레단의 경우 시작코 부분은 모든 코를 줍고 뜨개 끝부분은 도안을 참조하여 코를 줄여가며 코를 주워서 1코고무뜨기를 원통으로 뜹니다. 뜨개 끝부분은 소맷단과 같은 요령으로 뜹니다.

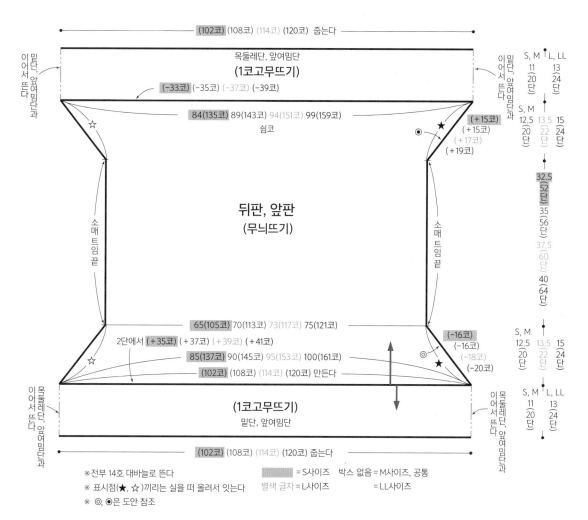

※ 전부 14호 대바늘로 뜬다
※ 표시점(★, ☆)끼리는 실을 떠 올려서 잇는다
※ ◎, ◉은 도안 참조

= S사이즈   박스 없음 = M사이즈, 공통
별색 글자 = L사이즈   = LL사이즈

무늬뜨기

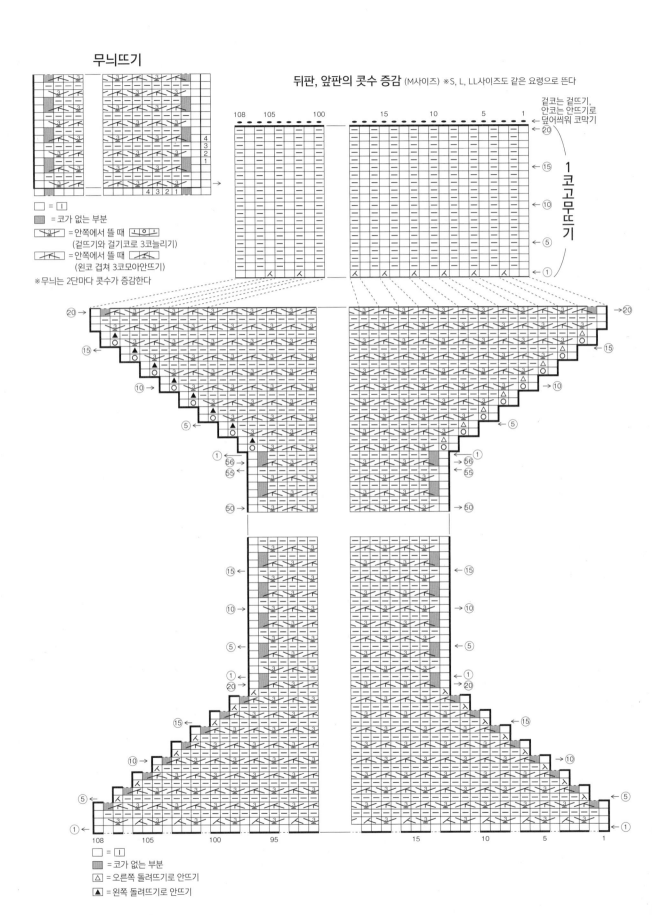

뒤판, 앞판의 콧수 증감 (M사이즈) ※S, L, LL사이즈도 같은 요령으로 뜬다

겉코는 겉뜨기,
안코는 안뜨기로
덮어씌워 코막기

1코고무뜨기

□ = ☐
▨ = 코가 없는 부분
= 안쪽에서 뜰 때 (겉뜨기와 걸기코로 3코늘리기)
= 안쪽에서 뜰 때 (왼코 겹쳐 3코모아안뜨기)
※무늬는 2단마다 콧수가 증감한다

□ = ☐
▨ = 코가 없는 부분
△ = 오른쪽 돌려뜨기로 안뜨기
▲ = 왼쪽 돌려뜨기로 안뜨기

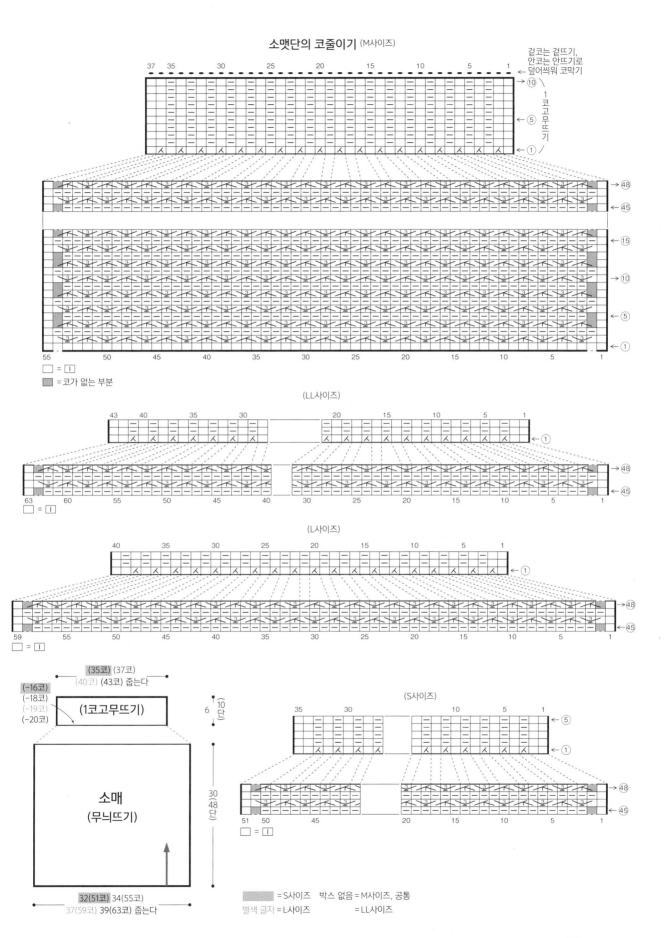

소맷단의 코줄이기 (M사이즈)

겉코는 겉뜨기,
안코는 안뜨기로
덮어씌워 코막기

1코고무뜨기

□ = Ⅰ
▨ = 코가 없는 부분

(LL사이즈)

□ = Ⅰ

(L사이즈)

□ = Ⅰ

(S사이즈)

□ = Ⅰ

(35코) (37코)
(40코) (43코) 줍는다

(-16코)
(-18코)
(-19코)
(-20코)

(1코고무뜨기)

6 (10) 단

소매
(무늬뜨기)

30 (48) 단

32(51코) 34(55코)
37(59코) 39(63코) 줍는다

▨ = S사이즈   박스 없음 = M사이즈, 공통
별색 글자 = L사이즈   ▨ = LL사이즈

10 나뭇잎무늬 변형 베스트

page << P 24

재료

이사게르 옌센 얀 라이트그레이(3s)
[S사이즈] 220g/3볼
[M사이즈] 260g/3볼
[L사이즈] 295g/3볼
[LL사이즈] 335g/4볼

도구

대바늘 8호, 6호

완성 치수 (단위는 ㎝)

	가슴둘레	길이
S	124	55.5
M	140	58.5
L	154	62.5
LL	170	66

게이지

10㎝×10㎝ 무늬뜨기 19코 26단, 메리야스뜨기 19코 24단

Point

● 몸판 … 손가락에 걸어서 만드는 시작코로 뜨기 시작하며 1코고무뜨기, 메리야스뜨기, 무늬뜨기, 가 터뜨기로 뜹니다. 어깨와 네크라인의 코줄이기 부분 은 도안을 참조합니다. 목둘레단은 지정한 콧수만큼 코를 주워서 앞판과 뒤판을 따로 테두리뜨기합니다. 뜨개 끝부분은 1코고무뜨기로 코막음합니다.

● 마무리 … 어깨, 목둘레단 옆선, 옆선은 실을 떠 올려서 잇습니다. 소맷단은 지정한 콧수만큼 코를 주워서 테두리뜨기를 원통으로 뜹니다. 뜨개 끝부분 은 목둘레단과 같은 요령으로 코막음합니다.

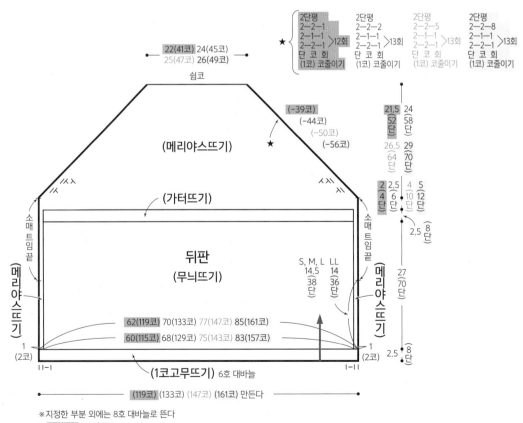

※지정한 부분 외에는 8호 대바늘로 뜬다
= S사이즈
박스 없음 = M사이즈, 공통
별색 글자 = L사이즈
= LL사이즈

무늬뜨기

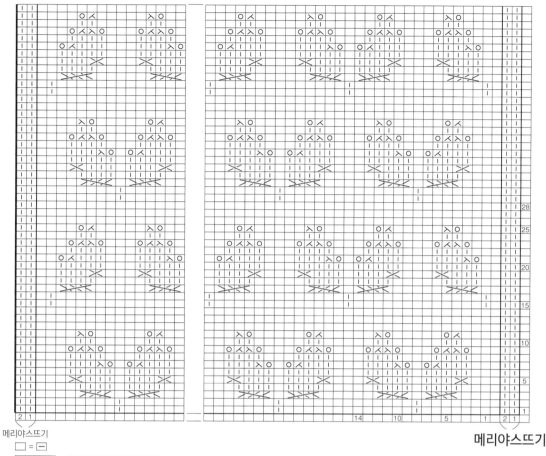

메리야스뜨기

$\square = \boxed{-}$

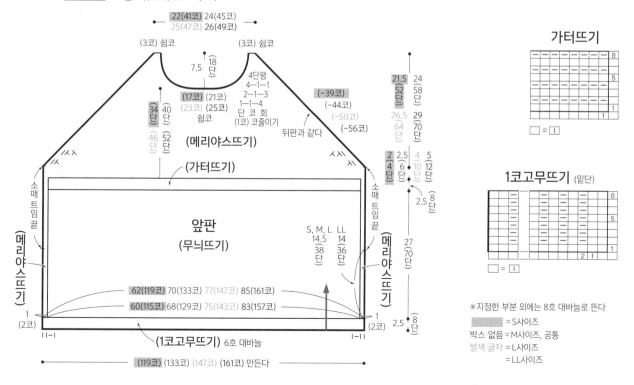

메리야스뜨기

가터뜨기

$\square = \boxed{I}$

1코고무뜨기 (밑단)

$\square = \boxed{I}$

※지정한 부분 외에는 8호 대바늘로 뜬다

▨ = S사이즈
박스 없음 = M사이즈, 공통
별색 글자 = L사이즈
= LL사이즈

= 왼코 위 1코와 3코 교차뜨기

= 오른코 위 1코와 3코 교차뜨기

뒤판 목둘레단 트임 (M사이즈)

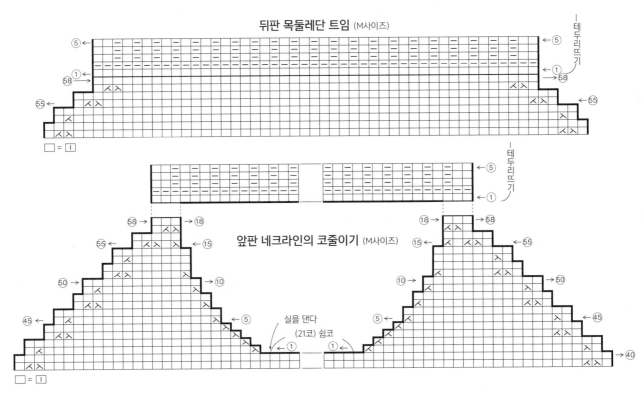

테두리뜨기

□ = ┃

앞판 네크라인의 코줄이기 (M사이즈)

실을 댄다
(21코) 쉼코

□ = ┃

어깨의 코줄이기

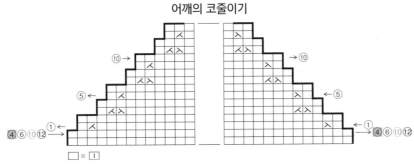

□ = ┃

뒤판 목둘레단 (테두리뜨기) 6호 대바늘

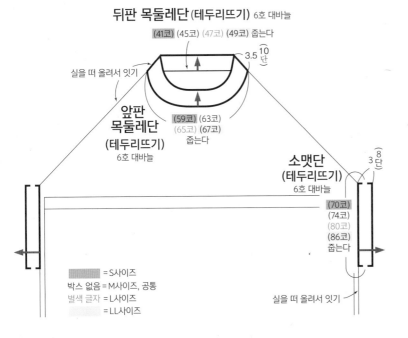

(41코) (45코) (47코) (49코) 줄는다

3.5 $\frac{10}{단}$

실을 떠 올려서 잇기

앞판
목둘레단
(테두리뜨기)
6호 대바늘

(59코) (63코)
(65코) (67코)
줄는다

소맷단
(테두리뜨기)
6호 대바늘

3 $\frac{8}{단}$

(70코)
(74코)
(80코)
(86코)
줄는다

실을 떠 올려서 잇기

= S사이즈
박스 없음 = M사이즈, 공통
별색 글자 = L사이즈
= LL사이즈

테두리뜨기 (뒤판·앞판 목둘레단)

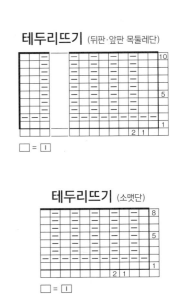

10

5

2 1 1

□ = ┃

테두리뜨기 (소맷단)

8

5

2 1 1

□ = ┃

12 비대칭 풀오버

page << P 28

재료
NV얀 루프, 나미부토
실의 색상명, 색번호, 사용량은 하단의 표를 참조하세요.

도구
대바늘 7호, 5호

완성 치수(단위는 ㎝)

	가슴둘레	길이
S	100	52.5
M	106	55
L	114	57.5
LL	123	59.5

게이지
10㎝×10㎝ 메리야스뜨기 19코 26.5단

Point
● 몸판, 소매 … 손가락에 걸어서 만드는 시작코로 뜨기 시작하며 1코고무뜨기와 메리야스뜨기를 원통으로 뜹니다. 코늘리기 부분은 도안을 참조해가며 뜹니다. 지정한 단수만큼 뜨면 왕복뜨기합니다. 오른쪽 소매의 코줍기 끝부분에서 뒤판과 앞판을 나눠서 뜹니다. 어깨는 ■끼리 빼뜨기로 잇습니다. 소매는 지정한 위치에서 코를 주워 메리야스뜨기를 원통으로 뜹니다. 코줄이기 부분은 도안을 참조합니다. 계속해서 1코고무뜨기하고 뜨개 끝부분은 1코고무뜨기로 코막음합니다.

● 마무리 … 목둘레단은 네크라인, 목둘레단 트임 부분에서 코를 주워 1코고무뜨기를 원통으로 뜹니다. 뜨개 끝부분은 소맷단과 같은 요령으로 코막음합니다.

실 사용량

실 이름, 색상명(색번호)	S사이즈	M사이즈	L사이즈	LL사이즈
루프, 남철색(205)	215g/8볼	240g/8볼	265g/9볼	295g/10볼
나미부토, 남색(12)	60g/2볼	65g/2볼	65g/2볼	70g/2볼

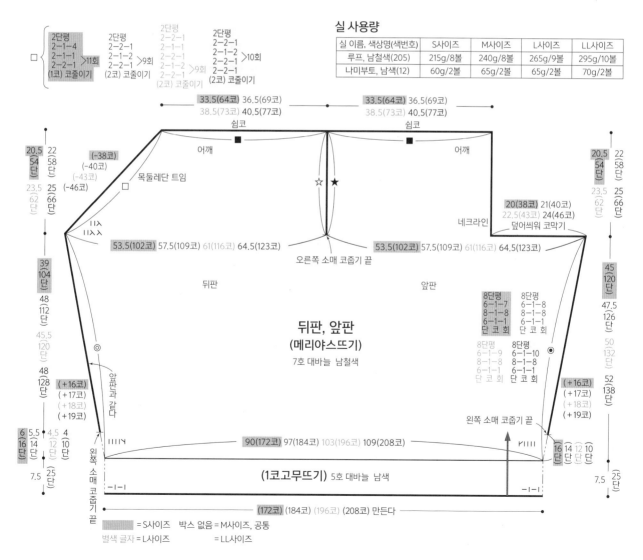

뒤판, 앞판
(메리야스뜨기)
7호 대바늘 남철색

(1코고무뜨기) 5호 대바늘 남색

= S사이즈   박스 없음=M사이즈, 공통
별색 글자=L사이즈   = LL사이즈

뒤판 목둘레단 트임의 코줄이기 (M사이즈)

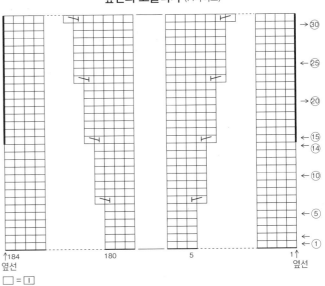

옆선의 코늘리기 (M사이즈)

□ = Ⅰ

※S, L, LL사이즈도 같은 요령으로 뜬다

□ = Ⅰ   ‾‾⊢ =왼코늘리기   ⊢‾‾ =오른코늘리기

※S, L, LL사이즈도 같은 요령으로 뜬다

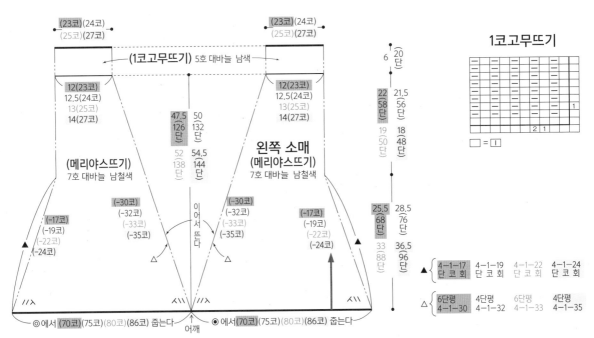

(23코)(24코)
(25코)(27코)

(1코고무뜨기) 5호 대바늘 남색

12(23코)
12.5(24코)
13(25코)
14(27코)

47.5 50
(126 132
단) 단
52 54.5
(138 144
단) 단

(메리야스뜨기)
7호 대바늘 남철색

왼쪽 소매
(메리야스뜨기)
7호 대바늘 남철색

이어서뜨다

(-30코)
(-32코)
(-33코)
(-35코)

(-17코)
(-19코)
(-22코)
(-24코)

◎에서 (70코)(75코)(80코)(86코) 줍는다   ◉에서 (70코)(75코)(80코)(86코) 줍는다

↑어깨

※전체에서 (140코) (150코) (160코) (172코) 줍는다

= S사이즈
박스 없음 = M사이즈, 공통
별색 글자 = L사이즈
= LL사이즈

6 (20단)
22 21.5
58 (56
단 단)
19 18
(50단) (48단)
25.5 28.5
68 (76
단 단)
33 36.5
(88 96
단) 단

▲ { 4-1-17 단 코 회 } 4-1-19 단 코 회   4-1-22 단 코 회   4-1-24 단 코 회

△ { 6단평 4-1-30 } 4단평 4-1-32   6단평 4-1-33   4단평 4-1-35

1코고무뜨기

□ = Ⅰ

왼쪽 소매 어깨와 옆선의 코줄이기 (M사이즈)

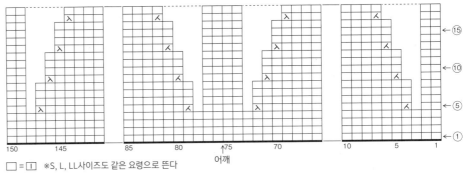

↑어깨

□ = Ⅰ   ※S, L, LL사이즈도 같은 요령으로 뜬다

목둘레단
(1코고무뜨기)
5호 대바늘 남색

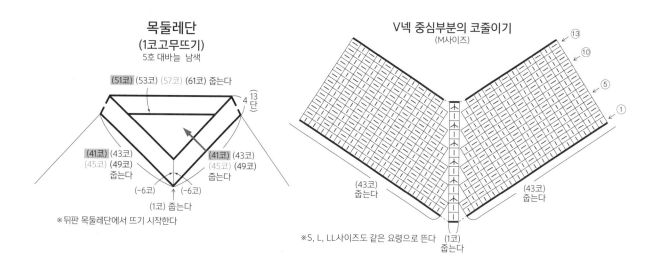

(51코) (53코) (57코) (61코) 줍는다

13단

4

(41코) (43코)
(45코) (49코)
줍는다

(41코) (43코)
(45코) (49코)
줍는다

(-6코)　(-6코)

(1코) 줍는다

※뒤판 목둘레단에서 뜨기 시작한다

V넥 중심부분의 코줄이기
(M사이즈)

⑬　⑩　⑤　①

(43코)
줍는다

(43코)
줍는다

(1코)
줍는다

※S, L, LL사이즈도 같은 요령으로 뜬다

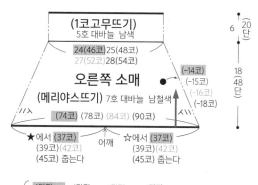

(1코고무뜨기)
5호 대바늘 남색

24(46코)25(48코)
27(52코)28(54코)

6 20단

18 48단

오른쪽 소매
(메리야스뜨기) 7호 대바늘 남철색

(-14코)
(-15코)
(-16코)
(-18코)

(74코) (78코) (84코) (90코)

★에서 (37코)
(39코)(42코)
(45코) 줍는다

어깨

☆에서 (37코)
(39코)(42코)
(45코) 줍는다

	6단평	4단평	4단평	4단평
●	4-1-7	4-1-7	4-1-6	4-1-4
	2-1-8	2-1-7	2-1-10	2-1-14
	단 코 회	단 코 회	단 코 회	단 코 회

오른쪽 소매 옆선의 코줄이기 (M사이즈)

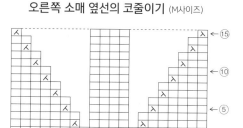

⑮　⑩　⑤　①

10　5　1 78　75　70

소매 옆선

□ = I　※S, L, LL사이즈도 같은 요령으로 뜬다

마무리 (공통)

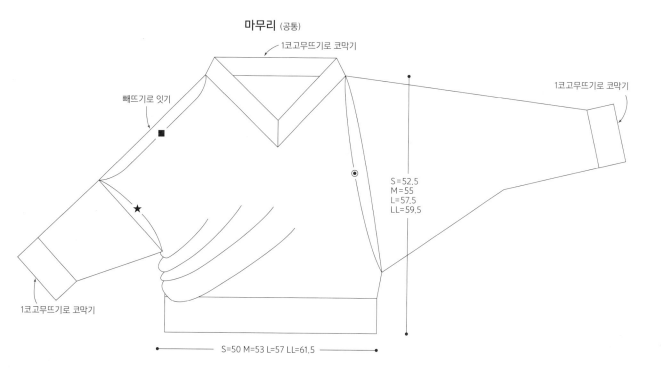

1코고무뜨기로 코막기

빼뜨기로 잇기

1코고무뜨기로 코막기

S=52.5
M=55
L=57.5
LL=59.5

1코고무뜨기로 코막기

S=50 M=53 L=57 LL=61.5

14 망사무늬 개더 베스트

page << P 32

재료
하마나카 소노모노 합태사 에크루(1)
[S사이즈] 295g/8볼
[M사이즈]335g/9볼
[L사이즈] 375g/10볼
[LL사이즈] 430g/11볼

도구
대바늘 8호, 5호, 3호

완성 치수 (단위는 ㎝)

	가슴둘레	길이	화장
S	90	54	24
M	97	57	25.5
L	104	60.5	26.5
LL	111	65.5	28

게이지
10㎝×10㎝ 무늬뜨기 19코 21.5단, 메리야스뜨기 22.5코 33단
(무늬뜨기는 늘려서 스팀다리미로 다림질해서 게이지를 낸다)

Point
● 몸판 … 손가락에 걸어서 만드는 시작코로 느슨하게 뜨기 시작하며 1코고무뜨기, 무늬뜨기, 메리야스뜨기로 뜹니다. 진동둘레, 네크라인의 코줄이기 부분은 끝에서 4번째 코와 5번째 코를 2코모아뜨기합니다.

● 마무리 … 어깨는 빼뜨기로 잇고 옆선은 실을 떠올려서 잇습니다. 목둘레단과 소맷단은 지정한 콧수만큼 코를 주워서 1코고무뜨기를 원통으로 뜹니다. 뜨개 끝부분은 1코고무뜨기로 코막음합니다. 지정한 치수가 되도록 늘리고 스팀다리미로 다림질해서 모양을 잡습니다.

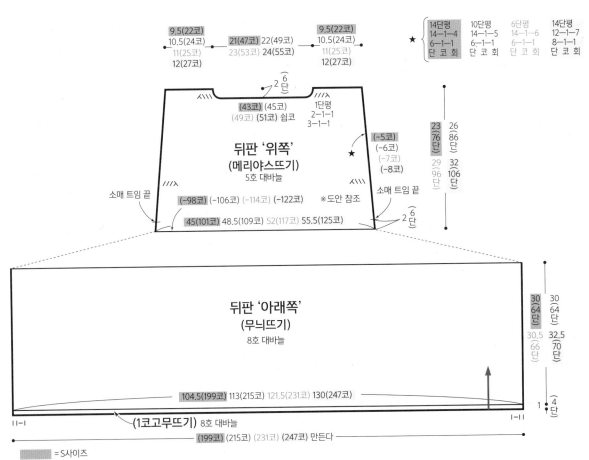

뒤판 · 앞판 '위쪽'의 코줄이기

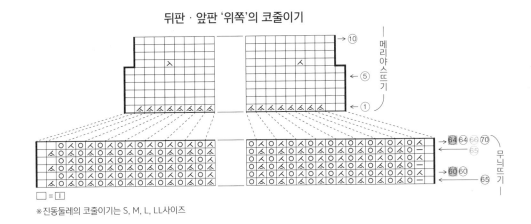

메리야스뜨기 ⑩ ⑤ ①

무늬뜨기 64 64 66 70 · 65 · 60 60 · 65

□ = ①

※진동둘레의 코줄이기는 S, M, L, LL사이즈

무늬뜨기

2 1

□ = ①
⊼ = 안쪽에서 뜰 때는 ⊿로 뜬다

1코고무뜨기 (밑단)

4 3 2 1

2 1

□ = ①

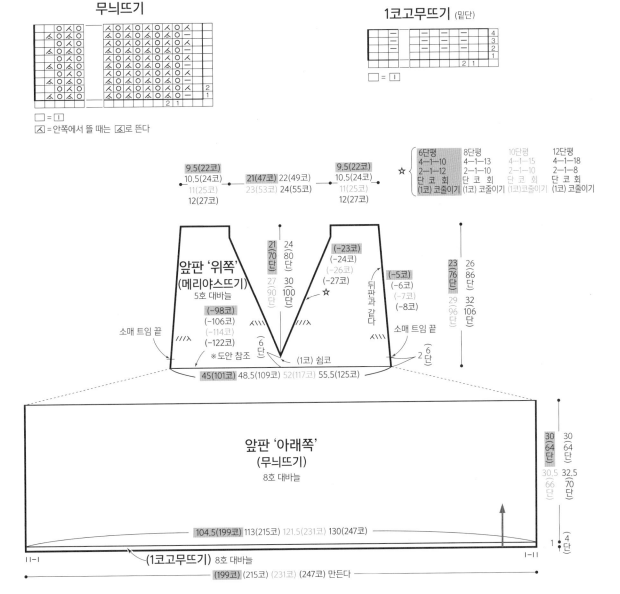

☆

6단평	8단평	10단평	12단평
4—1—10	4—1—13	4—1—15	4—1—18
2—1—12	2—1—10	2—1—10	2—1—8
단 코 회	단 코 회	단 코 회	단 코 회
(1코) 코줄이기	(1코) 코줄이기	(1코)코줄이기	(1코) 코줄이기

9.5(22코) 10.5(24코) 11(25코) 12(27코)
21(47코) 22(49코) 23(53코) 24(55코)
9.5(22코) 10.5(24코) 11(25코) 12(27코)

앞판 '위쪽'
(메리야스뜨기)
5호 대바늘

21(70단) 24 80단 (-23코)(-24코)(-26코)(-27코)
27(90단) 30 100단
(-5코)(-6코)(-7코)(-8코)
23(76단) 26 86단
29(96단) 32 106단

(-98코)(-106코)(-114코)(-122코)

소매 트임 끝
※도안 참조
뒤판과 같다
소매 트임 끝
6단 (1코) 쉼코 2 6단

45(101코) 48.5(109코) 52(117코) 55.5(125코)

앞판 '아래쪽'
(무늬뜨기)
8호 대바늘

30(64단) 30 64단 30.5(66단) 32.5(70단)

104.5(199코) 113(215코) 121.5(231코) 130(247코)

(1코고무뜨기) 8호 대바늘

1 (4단)

(199코) (215코) (231코) (247코) 만든다

앞쪽 네크라인의 코줄이기

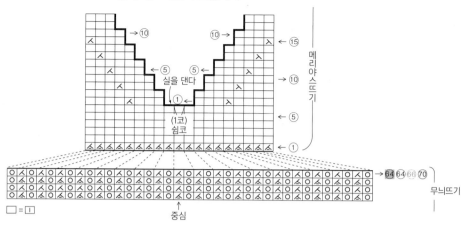

실을 댄다

(1코)
쉼코

→⑩   ⑩←
←⑮
→⑩
←⑤
←⑤   ⑤←
←⑤
①→

메리야스뜨기

64 64 66 70

무늬뜨기

□ = ①

↑
중심

목둘레단, 소맷단 (1코고무뜨기) 3호 대바늘

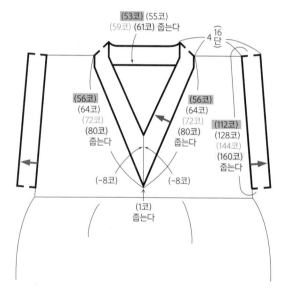

(53코) (55코)
(59코) (61코) 줍는다

16
4 단

(56코)
(64코)
(72코)
(80코)
줍는다

(56코)
(64코)
(72코)
(80코)
줍는다

(112코)
(128코)
(144코)
(160코)
줍는다

(-8코)   (-8코)

(1코)
줍는다

1코고무뜨기 (목둘레단, 소맷단)

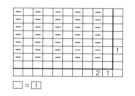

□ = ①

V넥 중심부분의 코줄이기

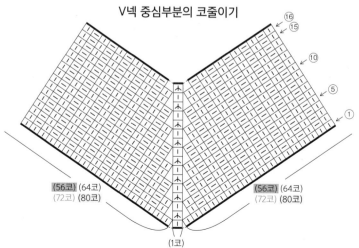

⑯
⑮
⑩
⑤
①

(56코) (64코)
(72코) (80코)

(56코) (64코)
(72코) (80코)

(1코)

13

리본 매듭 풀오버

page << P 30

재료

케이토 우루리 갈색(06)
[S사이즈] 300g/3볼
[M사이즈] 335g/4볼
[L사이즈] 370g/4볼
[LL사이즈] 400g/4볼

도구

대바늘 4호, 5호. 코바늘 5/0호.

완성 치수 (단위는 cm)

	가슴둘레	길이	화장
S	108	55	68.5
M	116	57.5	71
L	124	60.5	73.5
LL	132	62.5	76.5

게이지

10cm×10cm 메리야스뜨기 23.5코 33단(4호 대바늘)

Point

● 몸판, 소매 … 5/0호 코바늘을 사용해 사슬뜨기로 만드는 시작코로 뜨기 시작하며 테두리뜨기A와 메리야스뜨기로 뜹니다. 앞판 리본의 코를 줍는 위치에는 별도의 실을 사용해 떠 넣습니다. 네크라인과 다트의 코줄이기 부분은 도안을 참조합니다. 리본은 별도의 실을 풀어서 코를 줍고 원통으로 뜹니다. 뜨개 끝부분은 마지막 단의 코에 실을 두 번 끼워 넣어서 조입니다. 어깨는 빼뜨기로 잇습니다. 소매는 몸판에서 코를 주워 메리야스뜨기와 테두리뜨기C로 뜹니다. 소매 옆선의 코줄이기는 끝에서 3번째와 4번째 코를 2코모아뜨기합니다. 뜨개 끝부분은 덮어씌워 코막음합니다.

● 마무리 … 목둘레단은 지정한 콧수만큼 코를 주워서 테두리뜨기B를 원통으로 뜹니다. 뜨개 끝부분은 1코고무뜨기로 코막음합니다. 옆선과 소매 옆선은 실을 떠 올려서 잇습니다.

16.5(38코) 18(42코)　　21(51코) 22(53코)　　16.5(38코) 18(42코)
19.5(45코) 21(49코)　　23(55코) 24(57코)　　19.5(45코) 21(49코)

4/1단

(47코) (49코)
(51코) (53코) 쉼코

2단평
2-1-1
(1코) 코줄이기

소매 트임 끝

뒤판
(메리야스뜨기)

소매 트임 끝

16/52단　17/56단
18/60단　19.5/64단

37/123단　38.5/127단　40.5/133단　41/135단

2/7단

54(127코) 58(137코) 62(145코) 66(155코)

(테두리뜨기A)

──── (127코) (137코) (145코) (155코) 만든다 ────

※지정한 부분 외에는 4호 대바늘로 뜬다

▨ = S사이즈　박스 없음=M사이즈, 공통
별색 글자 = L사이즈　　= LL사이즈

목둘레단 (테두리뜨기B)

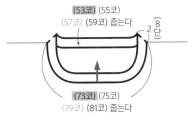

(53코) (55코)
(57코) (59코) 줍는다

8단

(73코) (75코)
(79코) (81코) 줍는다

테두리뜨기B (목둘레단)

□ = ▷

테두리뜨기A (밑단)

□ = ▷

83

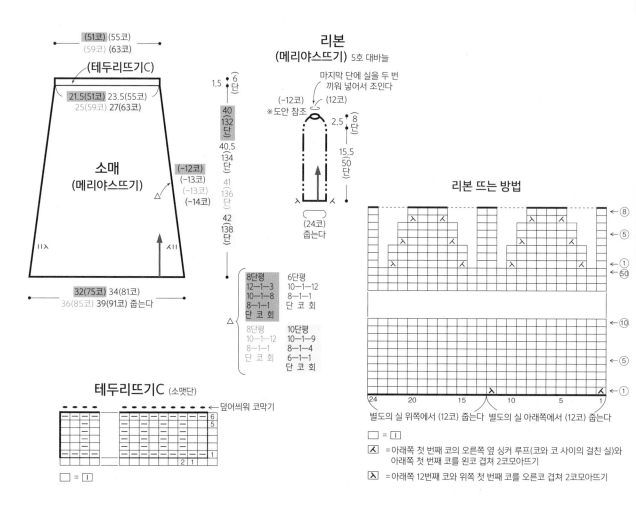

리본
(메리야스뜨기) 5호 대바늘

마지막 단에 실을 두 번
끼워 넣어서 조인다

(-12코) (12코)
※도안 참조

리본 뜨는 방법

별도의 실 위쪽에서 (12코) 줍는다 별도의 실 아래쪽에서 (12코) 줍는다

□ = ①

人 =아래쪽 첫 번째 코의 오른쪽 옆 싱커 루프(코와 코 사이의 걸친 실)와
아래쪽 첫 번째 코를 왼코 겹쳐 2코모아뜨기

人 =아래쪽 12번째 코와 위쪽 첫 번째 코를 오른코 겹쳐 2코모아뜨기

소매
(메리야스뜨기)

(51코) (55코)
(59코) (63코)

(테두리뜨기C)

21.5(51코) 23.5(55코)
25(59코) 27(63코)

(-12코)
(-13코)
(-13코)
(-14코)

1.5 ● (6단)

40 (132단)
40.5 (134단)
41 (136단)
42 (138단)

8단평
12-1-3
10-1-8
8-1-1
단 코 회

6단평
10-1-12
8-1-1
단 코 회

8단평
10-1-12
8-1-1
단 코 회

10단평
10-1-9
8-1-4
6-1-1
단 코 회

32(75코) 34(81코)
36(85코) 39(91코) 줍는다

테두리뜨기C (소맷단)

□ = ①

덮어씌워 코막기

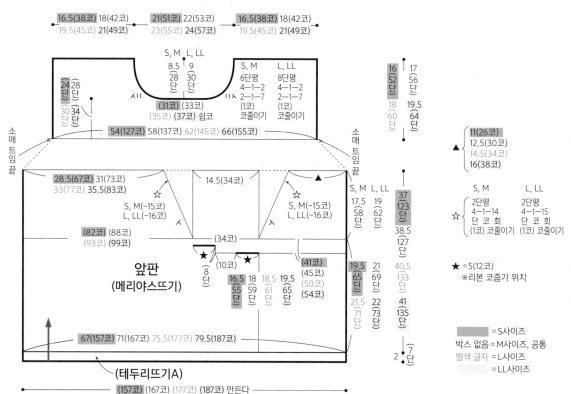

16.5(38코) 18(42코)   21(51코) 22(53코)   16.5(38코) 18(42코)
19.5(45코) 21(49코)   23(55코) 24(57코)   19.5(45코) 21(49코)

S, M L, LL
8.5 9
28 30
단 단

(31코) (33코)
(35코) (37코) 쉼코

S, M
6단평
4-1-2
2-1-7
(1코)
코줄이기

L, LL
8단평
4-1-2
2-1-7
(1코)
코줄이기

24(28단)
28(단)
30(34단)
34(단)

54(127코) 58(137코) 62(145코) 66(155코)

소매 트임 끝

28.5(67코) 31(73코)
33(77코) 35.5(83코)

14.5(34코)

▲

S, M(-15코)
L, LL(-16코)

S, M(-15코)
L, LL(-16코)

(82코) (88코)
(93코) (99코)

(34코)

★   ★
(10코)

(41코)

8단

16.5 18 18.5 19.5
55 59 61 65
단 단 단 단

19.5
65
단

앞판
(메리야스뜨기)

67(157코) 71(167코) 75.5(177코) 79.5(187코)

(테두리뜨기A)

(157코) (167코) (177코) (187코) 만든다

소매 트임 끝

16(52단) 17(56단)
18(60단) 19.5(64단)

17.5(58단) 19(62단)

37(123단)
38.5(127단)
40.5(133단)
41(135단)

21.5(71단) 22(73단)

2(7단)

11(26코)
12.5(30코)
14.5(34코)
16(38코)

S, M
2단평
4-1-14
단 코 회
(1코) 코줄이기

L, LL
2단평
4-1-15
단 코 회
(1코) 코줄이기

☆

★ =5(12코)
※리본 코줍기 위치

▨ =S사이즈
박스 없음 = M사이즈, 공통
별색 글자 = L사이즈
= LL사이즈

84

뒤판 네크라인 (M사이즈)

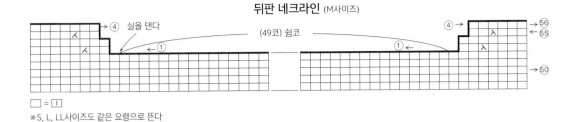

□ = ⊡
※S, L, LL사이즈도 같은 요령으로 뜬다

앞판 네크라인 (M사이즈)

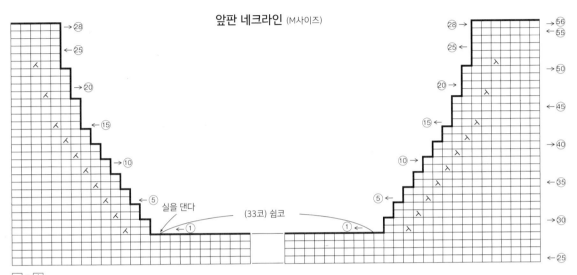

□ = ⊡
※S, L, LL사이즈도 같은 요령으로 뜬다

다트의 코줄이기 (M사이즈)

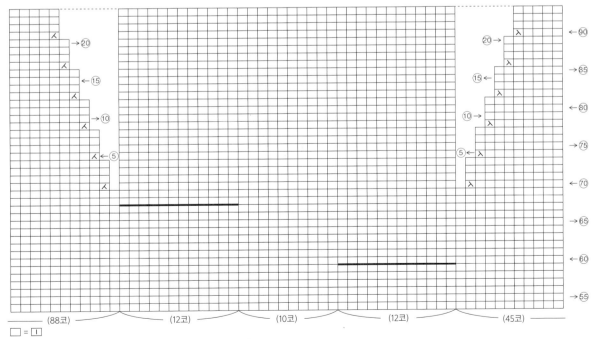

□ = ⊡
※S, L, LL사이즈도 같은 요령으로 뜬다

━━━ =별도의 실을 떠 넣는 위치(리본 코줍기 위치)

15 케이블무늬 케이프   *page* << P 34

재료
퍼피 차스카 진갈색(63)
[S사이즈] 125g/3볼 [M사이즈] 145g/3볼
[L사이즈] 165g/4볼 [LL사이즈] 185g/4볼

도구
대바늘 5호

완성 치수 (단위는 ㎝)

	길이
S	27
M	29
L	31
LL	33

게이지
10㎝×10㎝ 메리야스뜨기 22코 29.5단, 무늬뜨기 33코 29.5단

Point

● 몸판 … 뒤판은 손가락에 걸어서 만드는 시작코로 뜨기 시작하며 2코고무뜨기, 가터뜨기, 메리야스뜨기로 뜹니다. 콧수 증감은 도안을 참조해서 뜹니다. 어깨의 코를 쉼코로 두고 목둘레단은 양끝에서 코를 늘려서 메리야스뜨기와 1코고무뜨기로 뜹니다. 뜨개 끝부분은 1코고무뜨기로 코막음합니다. 앞판은 뒤판과 같은 요령으로 시작코를 만들어서 2코고무뜨기, 무늬뜨기, 가터뜨기, 메리야스뜨기로 뜹니다. 네크라인은 도안을 참조합니다.

● 마무리 … 어깨는 빼뜨기로 잇고 목둘레단 옆선은 실을 떠 올려서 잇습니다.

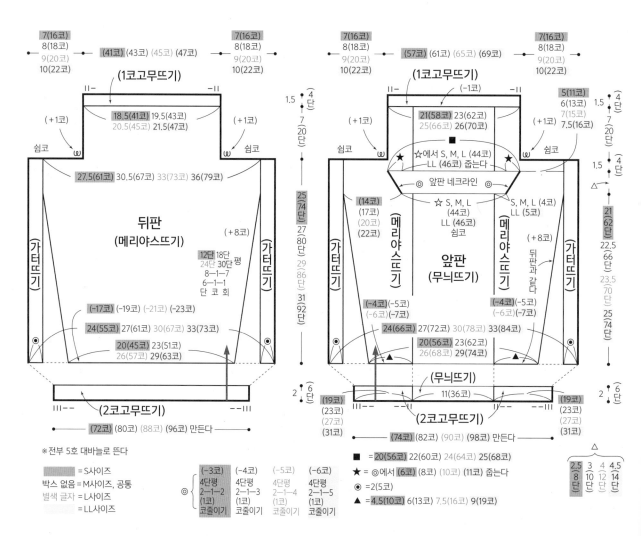

※전부 5호 대바늘로 뜬다

= S사이즈
박스 없음 = M사이즈, 공통
별색 글자 = L사이즈
= LL사이즈

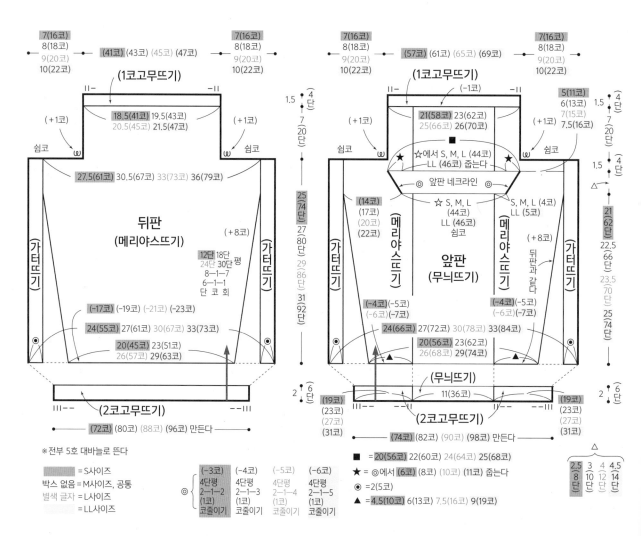

무늬뜨기

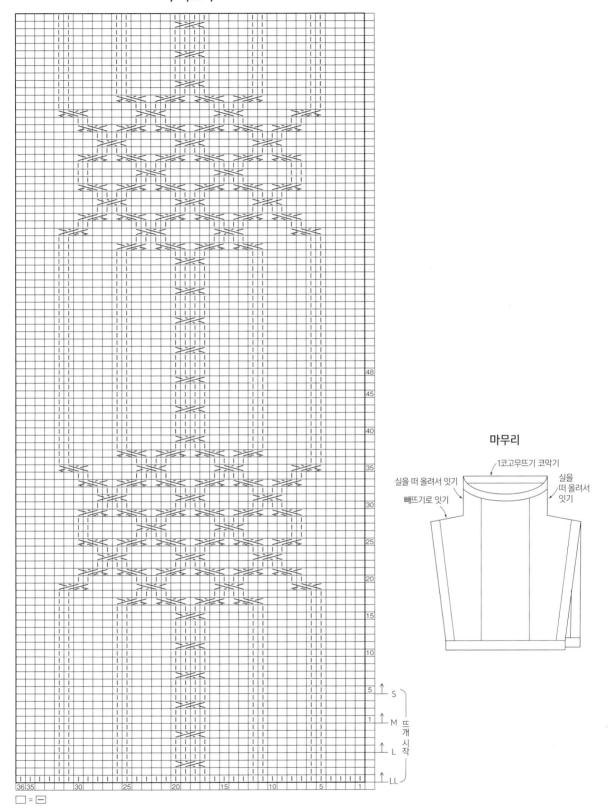

48
45
40
35
30
25
20
15
10

5 ↑ S
1 ↑ M 뜨
개
↑ L 시
작
↑ LL

36 35   30   25   20   15   10   5   1

□ = ⊟

마무리

1코고무뜨기 코막기
실을 떠 올려서 잇기   실을
                                   떠 올려서
빼뜨기로 잇기   잇기

옆선의 코늘리기 (M사이즈)

※S, L, LL사이즈도 같은 요령으로 뜬다

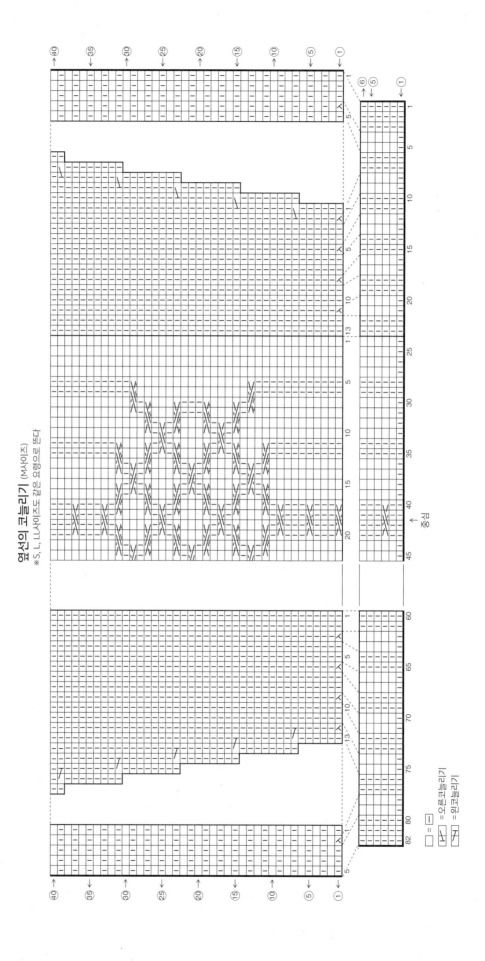

= □ =

= ⎣ = 오른코늘리기

= ⎦ = 왼코늘리기

중심

앞판 목둘레단 뜨는 방법 (M사이즈)　＊S, L, LL사이즈도 같은 요령으로 뜬다

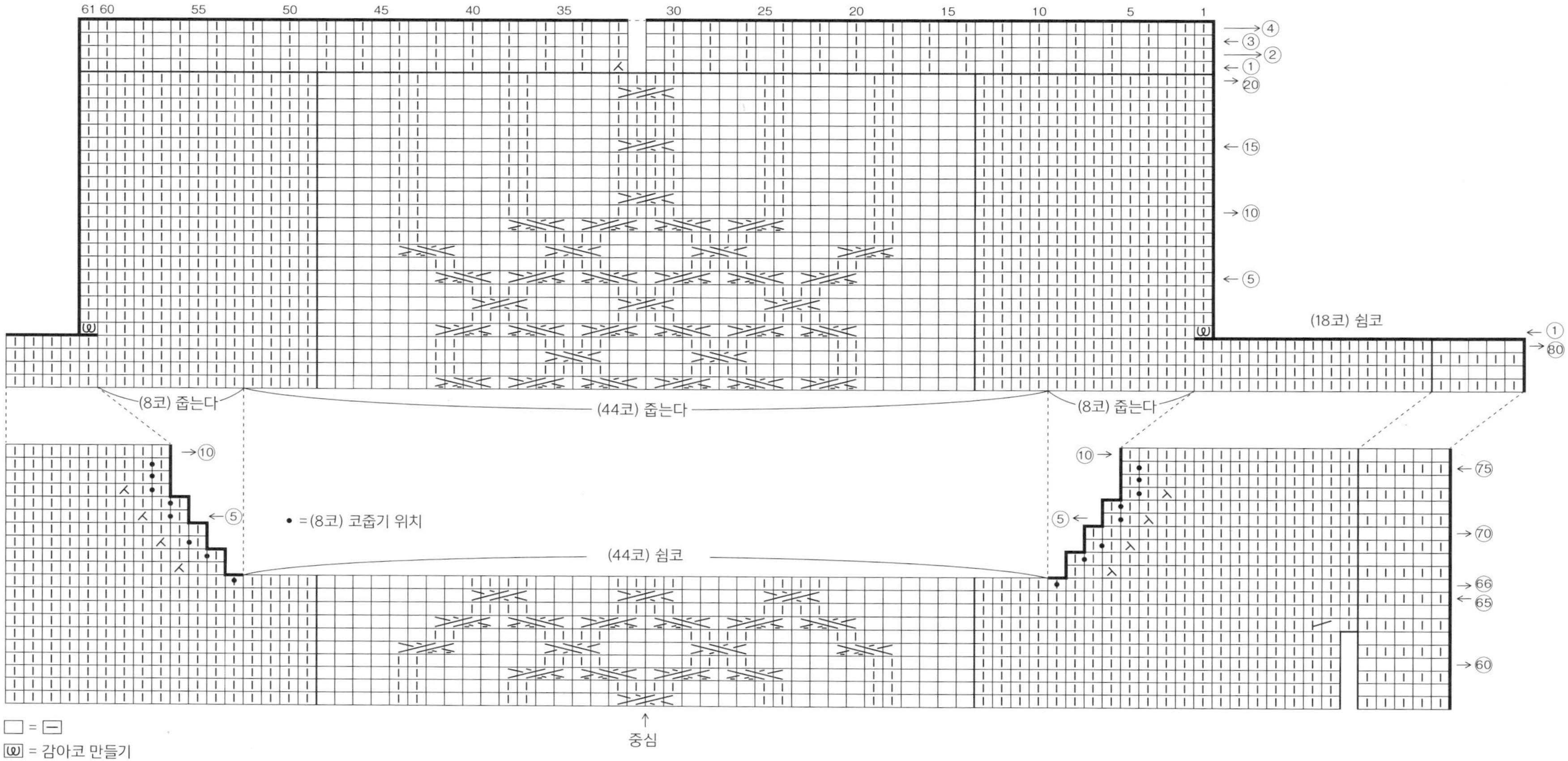

(18코) 쉼코

(8코) 줍는다

(44코) 줍는다

(44코) 쉼코

(8코) 줍는다

중심

● = (8코) 코줍기 위치

── = ─
□ = 감아코 만들기
ⓦ = 감아코 만들기

89

Basic Technique Guide 뜨개의 기초

시작코 ●손가락에 걸어서 만드는 시작코 ┄┄

1

2

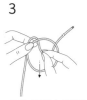
3

4

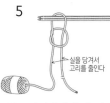
5

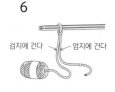
6

실끝은 뜨는 편물 너비의 3배 정도를 남긴다.

고리를 만들어서 왼손으로 교차점을 누른다.

고리 안에서 실끝을 빼낸다.

빼낸 실로 작은 고리를 만든다.

작은 고리 안에 대바늘을 넣고 양쪽의 실을 당겨서 고리를 줄인다.

첫 번째 코 완성. 짧은 실은 엄지, 긴 실은 검지에 건다.

7

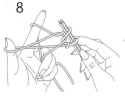
8

9

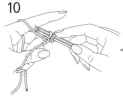
10

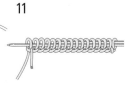
11

바늘 끝을 1, 2, 3의 화살표 순서대로 움직여서 대바늘에 실을 건다.

실을 건 모습.

엄지를 일단 빼고 화살표와 같이 엄지를 다시 넣는다.

엄지를 다시 넣어서 코를 조인 모습. 두 번째 코가 완성되었다.

필요한 콧수를 만든다. 코와 코 사이가 너무 빡빡하지 않게 주의한다.

●사슬뜨기로 만드는 시작코 ┄┄

1

2

3

4

코바늘을 실의 뒤쪽에 대고 화살표 방향으로 돌린다.

교차한 부분을 손가락으로 누르고 코바늘에 실을 건다.

바늘에 건 실을 고리 안에서 빼낸다.

실끝을 당겨서 고리를 조인다.

5

6

7

8

코바늘에 실을 걸고 빼내기를 반복한다.

필요한 콧수만큼 뜨고 마지막 1코를 대바늘로 옮긴다.

코산의 두 번째 코에 대바늘을 넣고 화살표와 같이 실을 빼낸다.

코산 1개에서 1코씩 줍는다.

●코바늘로 코를 떠서 만드는 시작코 ┄┄┄

1

2

3

4

5

6

코바늘로 첫 번째 사슬코를 만든다.

대바늘 한 개를 실 앞쪽에 놓고 잡은 후 그대로 사슬뜨기한다.

첫 번째 코 완성.

실을 대바늘 뒤쪽으로 돌려서

실을 걸어 빼낸다. 두 번째 코 완성. 과정 4, 5를 반복한다.

필요한 콧수보다 1코 적게 만들고 마지막 코는 대바늘로 옮긴다.

기본 뜨개코

I 걸코(걸뜨기)

실을 걸어서 화살표와 같이 앞쪽으로 빼낸다.

— 안코(안뜨기)

실을 앞쪽에서 뒤쪽으로 걸어서 화살표와 같이 빼낸다.

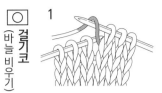

○ 걸기코(바늘 비우기)

1 오른쪽 바늘에 앞쪽에서 뒤쪽으로 실을 건다.

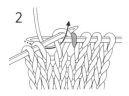

2 다음 코를 뜬다.

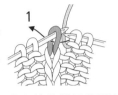

Ⓠ 돌려뜨기(꼬아뜨기)

1 오른쪽 바늘을 화살표와 같이 뒤쪽에서 넣는다.

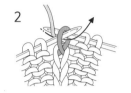

2 실을 걸어서 화살표와 같이 앞쪽으로 빼낸다.

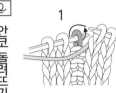

Ⓠ 안코 돌려뜨기

1 실을 앞쪽에 놓고 오른쪽 바늘을 화살표와 같이 뒤쪽에서 넣는다.

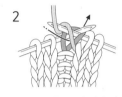

2 실을 걸어서 화살표와 같이 뒤쪽으로 빼낸다.

⟋ 오른코 겹쳐 2코모아뜨기

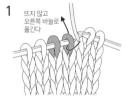

1 오른쪽 코를 뜨지 않고 오른쪽 바늘로 옮긴다.
(뜨지 않고 오른쪽 바늘로 옮긴다)

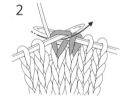

2 왼쪽 코를 겉뜨기한다.

3 오른쪽 바늘로 옮겨놓은 코를 겉뜨기한 코에 덮어씌운다.
(덮어씌운다)

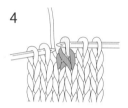

4 오른코 겹쳐 2코모아뜨기 완성.

⟋ 왼코 겹쳐 2코모아뜨기

1 2코의 왼쪽에서 오른쪽 바늘을 한 번에 넣는다.

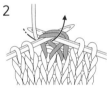

2 실을 걸고 빼내서 2코를 함께 겉뜨기한다.

⟍ 왼코 겹쳐 2코모아 안뜨기

1 화살표와 같이 2코의 오른쪽에서 오른쪽 바늘을 한 번에 넣는다.

2 오른쪽 바늘에 실을 걸고 빼내서 2코를 함께 안뜨기한다.

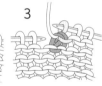

3 왼코 겹쳐 2코모아 안뜨기 완성.

⟋ 오른코 겹쳐 3코모아뜨기

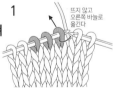

1 오른쪽 코를 뜨지 않고 오른쪽 바늘로 옮긴다.
(뜨지 않고 오른쪽 바늘로 옮긴다)

2 다음 2코의 왼쪽에서 오른쪽 바늘을 한 번에 넣는다.
(2코모아뜨기)

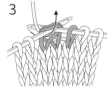

3 2코를 함께 겉뜨기한다.

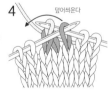

4 오른쪽 바늘로 옮겨놓은 코를 겉뜨기한 코에 덮어씌운다.
(덮어씌운다)

5 오른코 겹쳐 3코모아뜨기 완성.

⟰ 왼코 겹쳐 3코모아 안뜨기

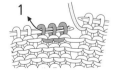

1 실을 앞쪽에 놓고 화살표와 같이 3코의 오른쪽에서 오른쪽 바늘을 넣는다.

2 실을 걸고 빼내서 3코를 함께 안뜨기한다.

3 실을 빼내고 나면 왼쪽 바늘에서 코를 벗겨낸다.

4 왼코 겹쳐 3코모아안뜨기 완성.

중심 3코모아 뜨기

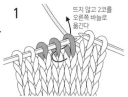
1. 오른쪽의 2코에 화살표와 같이 바늘을 넣어서 뜨지 않고 오른쪽 바늘로 옮긴다.

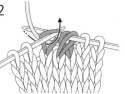
2. 다음 코를 겉뜨기한다.

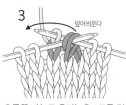
3. 오른쪽 바늘로 옮겨놓은 2코를 겉뜨기한 코에 덮어씌운다.

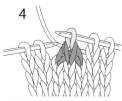
4. 중심 3코모아뜨기 완성.

 오른코 늘리기

1. 아랫단의 코에 화살표와 같이 오른쪽 바늘을 넣고

2. 실을 걸어 화살표와 같이 빼내서 겉뜨기한다.

3. 바늘에 걸려 있는 코도 겉뜨기한다.

 **왼코늘리기**

1. 겉뜨기 1코를 뜨고 아랫단의 코에 화살표와 같이 오른쪽 바늘을 넣는다.

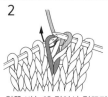
2. 왼쪽 바늘에 걸어서 겉뜨기한다.

 오른코늘려 안뜨기

1. 아랫단의 코에 화살표와 같이 오른쪽 바늘을 넣고

2. 실을 걸어 화살표와 같이 빼내서 안뜨기한다.

3. 바늘에 걸려 있는 코도 안뜨기한다.

 왼코늘려 안뜨기

1. 안뜨기 1코를 뜨고 아랫단의 코에 화살표와 같이 왼쪽 바늘을 넣는다.

2. 화살표와 같이 바늘을 넣어서 안뜨기한다.

겉뜨기와 걸기코로 3코늘리기

1. 겉뜨기 1코를 뜨고 왼쪽 바늘에서 코를 빼지 않고

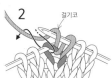
2. 걸기코를 만든 후 같은 코에 화살표와 같이 오른쪽 바늘을 넣어서

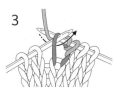
3. 실을 걸고 빼내서 겉뜨기한다.

4. 겉뜨기와 걸기코로 3코늘리기 완성.

왼코 위 1코교차뜨기
(아래쪽이 안뜨기)

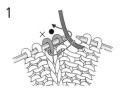
1. ●코의 앞쪽에서 ×코에 화살표와 같이 오른쪽 바늘을 넣어서 겉뜨기한다.

2. 겉뜨기한 코는 그대로 두고 바늘을 뒤쪽에서 ●코에 넣는다.

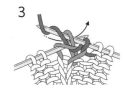
3. 실을 바늘에 걸어서 안뜨기한다.

4. 왼코 위 1코교차뜨기(아래쪽이 안뜨기) 완성.

오른코 위 1코교차뜨기
(아래쪽이 안뜨기)

1. 실을 앞쪽에 놓고 ●코의 뒤쪽에서 ×코에 화살표와 같이 오른쪽 바늘을 넣는다.

2. 실을 바늘에 걸어서 안뜨기한다.

3. 안뜨기한 코는 그대로 두고 바늘을 ●코에 넣어서 겉뜨기한다.

4. 오른코 위 1코교차뜨기(아래쪽이 안뜨기) 완성.

	1	2	3	4

오른코 위 2코와
1코교차뜨기
(아래쪽이 안뜨기)

 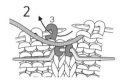 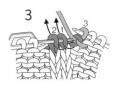 

오른쪽의 2코에 꽈배기바늘을 넣어서 옮긴다.

옮긴 2코를 앞쪽에 놓고 오른쪽 바늘을 3의 코에 넣어서 안뜨기한다.

1, 2의 코를 겉뜨기한다.

오른코 위 2코와 1코교차뜨기(아래쪽이 안뜨기) 완성.

왼코 위 2코와
1코교차뜨기
(아래쪽이 안뜨기)

 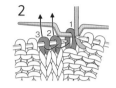 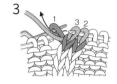 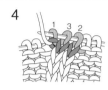

오른쪽의 1코에 꽈배기바늘을 넣어서 옮긴다.

옮긴 1코를 뒤쪽에 놓고 2, 3의 코를 겉뜨기한다.

1의 코에 화살표와 같이 오른쪽 바늘을 넣어서 안뜨기한다.

왼코 위 2코와 1코교차뜨기(아래쪽이 안뜨기) 완성.

왼코 위
2코교차뜨기

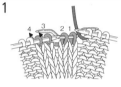 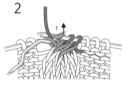  

오른쪽의 2코를 꽈배기바늘로 옮겨서 뒤쪽에 놓고 3, 4의 코를 겉뜨기한다.

오른쪽 바늘을 1의 코에 넣고 실을 화살표와 같이 실을 빼내서 겉뜨기한다.

2의 코도 겉뜨기한다.

왼코 위 2코교차뜨기 완성.

오른코 위
2코교차뜨기

 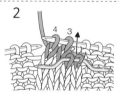 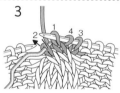 

오른쪽의 2코를 꽈배기바늘로 옮겨서 앞쪽에 놓고 3, 4의 코를 겉뜨기한다.

오른쪽 바늘을 화살표와 같이 1의 코에 넣어서 겉뜨기한다.

2의 코도 같은 요령으로 겉뜨기한다.

오른코 위 2코교차뜨기 완성.

왼코 위
걸러뜨기의
1코교차뜨기

 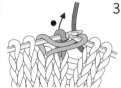 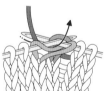 

●코 앞쪽에서 ×코에 화살표와 같이 오른쪽 바늘을 넣는다.

걸러뜨기를 하고 오른쪽으로 빼내서 ●코에 오른쪽 바늘을 넣는다.

겉뜨기한다.

왼쪽 바늘을 빼면 왼코 위 걸러뜨기의 1코교차뜨기 완성.

오른코 위
걸러뜨기의
1코교차뜨기

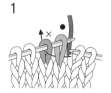  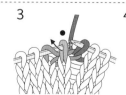 

●코 뒤쪽에서 ×코에 화살표와 같이 오른쪽 바늘을 넣는다.

겉뜨기한다.

겉뜨기한 코는 그대로 두고 ●코에 바늘을 넣어서 코를 옮긴다.

오른코 위 걸러뜨기의 1코교차뜨기 완성.

덮어씌워 코막기
(걸러뜨기의 경우)

| 1 | 2 | 3 | 4 |

 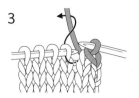 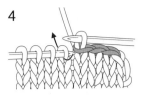

겉뜨기 2코를 뜬다.

오른쪽 코를 왼쪽 코에 덮어씌운다.

덮어씌운다

1코 덮어씌워 코막기가 완성되었다. 다음 코도 겉뜨기하고 2와 마찬가지로 덮어씌운다.

'겉뜨기 1코를 떠서 덮어씌우기'를 반복해 코막음한다.

●1코고무뜨기 코막기
양끝 모두 겉뜨기 2코일 때

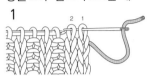   

1의 코 앞쪽에서 바늘을 넣고 2의 코 앞쪽으로 뺀다.

1의 코 앞쪽에서 바늘을 넣고 3의 코 뒤쪽으로 뺀다.

2의 코 앞쪽에서 바늘을 넣고 4의 코 앞쪽으로 뺀다(겉뜨기와 겉뜨기).

3의 코 뒤쪽에서 바늘을 넣고 5의 코 뒤쪽으로 뺀다(안뜨기와 안뜨기). 가장자리까지 과정 3, 4를 반복한다.

뜨개 끝부분은 3'의 코 뒤쪽에서 바늘을 넣고 1'의 코 앞쪽으로 뺀다.

실을 빼낸 모습.

2'의 코 앞쪽에서 바늘을 넣고 1'의 코 앞쪽으로 뺀다.

원통뜨기일 때
(뜨개 시작부분)

1의 코 뒤쪽에서 바늘을 넣고 2의 코 뒤쪽으로 뺀다.

1의 코 앞쪽에서 바늘을 넣고 3의 코 앞쪽으로 뺀다.

2의 코 뒤쪽에서 바늘을 넣고 4의 코 뒤쪽으로 뺀다(안뜨기와 안뜨기).

3의 코 앞쪽에서 바늘을 넣고 5의 코 앞쪽으로 뺀다(겉뜨기와 겉뜨기). 과정 3, 4를 반복한다.

(뜨개 끝부분)

 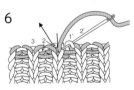  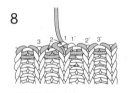

2'의 코 앞쪽에서 바늘을 넣고 1의 코(첫 번째 겉뜨기) 앞쪽으로 뺀다(겉뜨기와 겉뜨기).

1'의 코(안뜨기) 뒤쪽에서 바늘을 넣고 2의 코(첫 번째 안뜨기) 뒤쪽으로 뺀다.

1'과 2'의 코에 돗바늘을 넣은 모습. 1과 2에는 돗바늘을 세 번 넣는다.

실을 당겨서 완성.

●별도의 실을 떠 넣는 방법

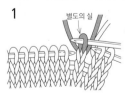 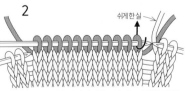 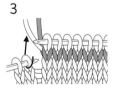 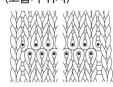

별도의 실을 떠 넣는 위치에 오면 그때까지 뜬 실을 쉬게 해놓고 별도의 실을 대서 지정한 콧수만큼 뜬다.

원래 위치로 되돌아가서, 별도의 실로 만든 코를 쉬게 해놓은 실로 뜬다.

별도의 실 위쪽을 다 뜨고 나면 그대로 이어서 뜬다.

(코줍기 위치)

마지막까지 다 뜨면 별도의 실을 풀어내고 코를 줍는다. 위쪽은 싱커 루프(코와 코 사이의 걸친 실)여서 양쪽의 코도 주우면 아래쪽보다 1코가 더 많아지므로 주의한다.

별도의 실

쉬게한실

가로 배색무늬뜨기

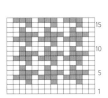

1

배색실을 사이에 끼운 후 뜨기 시작하며 바탕실로 2코, 배색실로 1코를 뜬다.

2

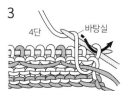

배색실은 위쪽, 바탕실은 아래쪽으로 걸쳐서 바탕실 3코, 배색실 1코를 반복한다.

3

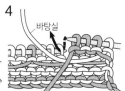

4단의 뜨개 시작부분은 배색실을 사이에 끼우고 첫 번째 코를 뜬다.

4

안뜨기 부분을 뜰 때도 배색실은 위쪽, 바탕실은 아래쪽으로 걸쳐서 뜬다.

5

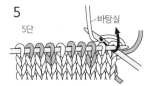

단의 뜨개 시작부분은 뜨개실 사이에 쉬게 해놓은 실을 끼우고 나서 뜬다.

6

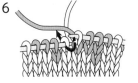

배색실로 3코, 바탕실로 1코를 기호도와 같이 반복한다.

7

배색실 1코, 바탕실 3코를 반복한다. 이 단에서 1무늬가 완성된다.

8

다시 4단을 떠서 새발격자무늬(하운드투스 체크) 2개를 완성한 모습.

세로 배색무늬뜨기

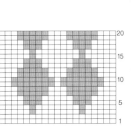

1

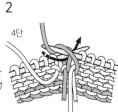

다이아몬드 무늬의 모서리마다 각각 실을 대서 뜨기 시작한다.

2

배색실로 바꿀 때 바탕실의 아래쪽에서 걸쳐서 교차시킨다.

3

바탕실로 바꿀 때도 마찬가지로 아래쪽에서 걸쳐서 교차시킨다.

4

겉쪽을 보고 뜨는 단도 뜨개실을 아래쪽에서 걸쳐서 교차시킨다.

5

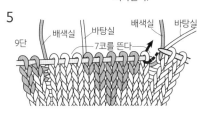

이 무늬는 2단씩 배색을 바꿔서 뜨는 다이아몬드무늬이므로 겉뜨기 쪽에서 무늬가 달라진다.

6

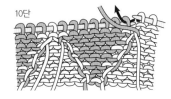

안뜨기 쪽은 아랫단과 같은 색으로 뜬다. 색을 바꿀 때는 색 두 가지를 교차시킨다.

7

14단을 뜬 모습. 안쪽은 이와 같은 상태가 된다.

한길긴뜨기 2코구슬뜨기

1

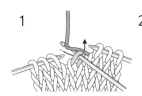

코바늘을 앞쪽에서 넣고 실을 걸어 빼내서 기둥코 사슬 3코를 뜬다.

2

실을 걸고 1에서 뜬 기둥코와 같은 코에 코바늘을 넣는다.

3

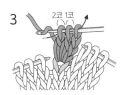

미완성 한길긴뜨기 2코를 뜬다. 다시 실을 걸어서 모든 코를 한 번에 빼낸다.

4

코가 꼬이지 않게 주의해서 코바늘의 코를 오른쪽 바늘로 되돌린다.

이중 사슬뜨기

1

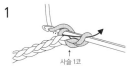

사슬뜨기로 필요한 콧수만큼 뜨고 1코를 건너뛴 사슬의 코산에 바늘을 넣은 후 실을 걸어서 뺀다.

2

다음 사슬의 코산에 코바늘을 넣고

3

실을 바늘에 걸어서 한 번에 뺀다. 이 과정을 반복해서 뜬다.

Michiyo no 4size knitting (NV70744)
Photographers: Isao Hashinoki, Noriaki Moriya
Copyright © Michiyo / NIHON VOGUE-SHA 2023
All rights reserved.
Original Japanese edition published by NIHON VOGUE Corp.
Korean translation copyright © 2024 by JIGEUMICHAEK
This Korean edition published by arrangement with NIHON VOGUE Corp.,
Tokyo, through BC Agency

(소재 제공)

하마나카 주식회사
Tel. 81)075-463-5151
http://www.hamanaka.co.jp

주식회사 다이도 포워드 퍼피 사업부
Tel. 81)03-3257-7135
http://www.puppyarn.com

요코타 주식회사(DARUMA)
Tel. 81)06-6251-2183
http://www.daruma-ito.co.jp

이사게르 재팬 주식회사(ISAGER)
Tel. 81)0466-47-9535
http://www.isagerstrik.dk

주식회사 일본보그사
(NV얀 / Keito / itoito)
Tel. 81)0120-923-258
https://www.tezukuritown.com/
nv/e/envyarn.
https://online.keito-shop.com/

〔 촬영 협력 〕

AWABEES
UTUWA

entwa Tel. 81)0742-42-9152
셔츠(p7 오른쪽, 14, 15, 16, 17), 팬츠(p22, 23), 스커트(p35)

KEI Hayama PLUS Tel 81)03-3498-0701
스커트(p7 오른쪽, 18), 양말(p14, 22, 35), 블라우스(p20, 21),
재킷(p20, 21)

FERAL FLAIR Tel. 81)03-5775-6537
니트(p24, 25, 26, 27), 팬츠(p30, 31)

마미안 커스터머 서포트(MAMIAN)
Tel. 81)078-691-9066
구두(p9, 10, 13, 17, 20, 21)

moumoune Tel. 81)078-652-4301
구두(p6, 7, 14, 30, 31, 33, 35)

원하는 치수로 선택해서 만드는 나만의 니트웨어

*michiyo*의 4사이즈 니팅

초판 1쇄 인쇄   2025년 2월 15일
초판 1쇄 발행   2025년 2월 20일

지은이   michiyo
옮긴이   김한나
감수   김수산나

펴낸이   최정이
펴낸곳   지금이책
등록   제2015-000174호
주소   경기도 고양시 일산서구 킨텍스로 410
전화   070-8229-3755
팩스   0303-3130-3753
이메일   now_book@naver.com
블로그   blog.naver.com/now_book
인스타그램   nowbooks_pub

ISBN   979-11-88554-85-0 (13590)

staff

북 디자인 / 다카하시 료[chorus]
촬영 / 하시노키 이사오, 모리야 노리아키(p36~40)
스타일링 / 하기쓰 에미코
헤어 메이크업 / 다카노 도모코
모델 / 야스다 이네스
제작 협력 / 이이지마 유코
만드는 방법, 도안 / 마루오 도시미
일러스트 / michiyo
편집 협력 / 요시에 마미, 난바 마리, 쓰치야 에미코,
           다카야마 게이나
편집 담당 / 다니야마 아키코, 후루야마 가오리